面向混杂工业无线传感器网络的动态路由规划及可靠性分析

MIANXIANG HUNZA GONGYE WUXIAN CHUANGANQI
WANGLUO DE DONGTAILU YOU GUIHUA JI
KEKAOXING FENXI

段 莹 李文锋 著

中国农业出版社

北 京

工业无线传感器网络（Industrial Wireless Sensor Network，IWSN）因传感器种类繁多、多种通讯网络共存以及复杂场景又被称为"混杂工业传感器网络"，是实施工业 4.0 智能制造的重要基础。本书围绕混杂工业无线传感器网络动态路由规划及可靠性开展系统深入的研究，完成的主要工作及创新内容如下：

（1）针对传感器节点和链路的随机失效而引起的网络拓扑和网络覆盖度的动态变化问题，从网络拓扑演化和重构入手来研究混杂工业无线传感器网络路由可靠性及其规划设计方法；基于无标度网络和小世界网络特性，构建了一种工业场景无线传感器网络拓扑演化模型，可提升网络的传输性能和抗毁性能。

（2）针对工业无线传感器网络缺乏灵活扩展管理方法的问题，利用软件自定义技术在大规模网络应用和灵活扩展方面的优势，通过虚拟化映射技术在节点管理中的应用，以及基于软件定义网络、网络管理控制和数据包转发相分离的特点，构建了一种软件自定义工业无线传感器网络框架，以解决大规模网络管理、规模伸缩和网络覆盖的问题。

（3）针对工业无线传感器网络缺乏对移动终端智能调度和数据传输模型研究的现状，分析了实际工业环境中的移动智能元素，通过建立任务调度模型，利用移动智能元素服务于工业无线传感器网络的数据传输。本方案引入工业场景中常见设备 AGV（Automated Guided Vehicle）作为智能移动体，并充分考虑工业调度任务的特点和复杂的生产环境，构造出一种具有启发式的任务调度模型；针对单个或多个节点失效的情形，设计"临时链路"和"移动摆渡"传输方法，来提升路由传输链路的完整性。

（4）针对传统无线传感器网络路由协议在工业场景中的应用弊端，本研究在混杂工业无线传感器网络框架的基础上，结合移动设备（AGV）的任务驱动调度模型和 AGV 的运动轨迹，设计了一个工业场景下协同工作的路由算法。通过仿真实验，从评估丢包率、收包率、延迟时间、吞吐量和能耗问题的角度去验证网络数据传输的可靠性。实验结果证明，在移动节点的移动过程中应用该启发式解决方案，可增加无线传感器网络数据的多路传输，修复网络数据传输路径，提升无线传感器数据网络传输性能。

目 录
CONTENTS

第1章 绪论

1.1 研究背景和意义

1.1.1 工业物联网简介

工业4.0技术是以智能制造为主导的第四次工业革命，主要是以传感器等智能终端设备和现代通信技术为基础，通过云计算、人工智能、大数据等高新技术，利用应用程序定制开发和管理形成的一种工业领域万物互联的集成网络，目的在于辅助工业生产制造实现新一轮的工业研发创新和技术革命。其过程主要是基于"智能工厂"和"智能生产"的流程和环境，采用传感器网络互联等方法，对生产过程中的多源信息精确识别和有效获取，从而解决来自于生产过程中大量数据采集和传输的问题，对生产环境和设备状态数据进行精确获取以达到对生产制造过程的有效控制。然后，通过智能终端自动管控或人为干预以实现对生产制造过程的有效监控、动态调节、智能优化等智能化管理。因此，现代物联网、传感器网络和现代智能设备将对传统的、封闭的制造业系统带来挑战和机遇，它将会是未来工业建设和发展的基石[1]。

近年来，"中国制造2025"国家战略举措的提出更是把中国装备制造业从"制造大国"推向"制造强国"的国家级战略布局高度。其中，智能工厂作为智能制造重要的生产实践领域，已引起制造企业的广泛关注和各级政府的高度重视。例如，航空航天、轨道交通、材料化工以及生物医药等核心技术和品牌的创立均对智能工厂建立、生产制造、仓储管理和物流运送等基础方面提出了更高的要求，并需要更加精确地进行生产和环境数据监测、智能化预测和风险预警管理等[2]。另外，我国现代工业物联网的发展也由过去的政府主导逐渐向市场主导、政府引导和自主发展方向转变。2016 年我国工业物联网产业规模达到 1 896 亿元（图 1-1），在整体物联网产业规模中的占比约为 18%[3]。据专业的评估和预测，在国家政策的引导以及市场实际需求的推动下，工业物联网在整体物联网产业中的占比将在 2020 年达到 25%，产业规模预计将突破 4 500 亿元[3]。

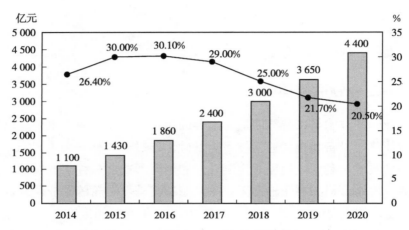

图 1-1　2014—2020 年中国工业物联网整体规模及增长预测[3]

数据来源：赛迪顾问。

但是，建筑物坍塌、大型火灾、有毒气体泄漏等安全事故频发引起业界对于工业领域生产和管理过程中安全性的关注，事故大多是由于工业不稳定的温湿度和压力等环境因素以及不规范的生产操作因素所导致，降低制造业事故发生概率需要科学的防范管理制度以及先进的信息化智能化监测手段。利用智能传感设备进行环境数据采集对即将发生的风险进行预警是工业安全研究的重要课题，而利用无线传感器网络将环境预警数据传递至管理者是当前研究的热点，其中最为重要的是网络数据传输可靠性方法的研究[4]。物联网技术在生产制造行业应用的普及为解决工业安全事故提供了机遇，在工业生产和物流传输领域中，智能传感设备扮演着生产系统和管理控制系统之间的纽带角色，对工业环境中生产设备、环境要素、生产原料消耗等相关对象进行有效监控，对工业生产制造的整套进程进一步优化，实现智能化生产制造全流程的"泛在感知"、自动化结果诊断以及风险预警管控，推动工业生产的信息化、自动化和智能化水平的提高。

1.1.2 工业无线传感器网络

未来几年，信息技术在工业领域的应用将会百花齐放，在涉及工业生产及管理、物流供应链路、安全事故预警等方面，将会用到越来越多的工业型传感器设备，而且智能传感终端设备将是工业自动化组网中一个的重要的基础环节。例如，在各种工业生产和管理过程中，需要采集的相关环境状态信息正在不断增加，需要大量的各类传感设备去采集相关数据，如压力、温度、湿度、光感、气体等数据，在智能终端收集的过程中把大量非电量或电量的物理化参数转化成模拟或数字电信号信息，以满足各个工业生产制造和管理控制过程中的自动化和智能化的各项需求。如今，工业领域传感器使用数量中所占比例较多的有压力传感器、温度传感器、湿度传感器、加速度传感器、振动传感器、人体传感器和气体传感器，等等。

随着物联网、大数据、边缘计算、软件自定义技术等新兴领域的兴起和发展，传感器设备在移动通信设备、智能随身设备、工业制造、汽车自动化、智能家居等行业应用广泛，并在国家重视的环保和医疗行业投入颇多，因此拉动了我国传感器产品的市场规模[1]。另外，工业物联网的发展和应用在推动传感器市场规模的迅速增长方面功劳显著。2015 年，智能传感器在工业领域的应用规模已达到 160.7 亿元，约占整个智能传感器市场规模的 14%。适逢"中国制造 2025"国家核心战略的提出，将会更大范围内促进工业物联网的发展以及工业传感器网络的应用，最终在传感器、处理器、操作系统等核心领域提高我国制造企业的核心竞争力和品牌创新的整体水平[2]。由此可见，智能传感终端设备将会在现代化工业领域内拥有广阔的应用。

典型的混杂工业无线传感器网络如图 1-2 所示。

工业无线传感器网络结构自下向上主要包括：①基础设施层。主要包含不同类型传感器设备、工业设备、通信设备等。其中传感器设备包括 RFID、振动传感器、温度传感器、湿度传感器、气体感应器等；工业设备的类型则与所属行业紧密相关，以汽车制造业为例，固定的工业

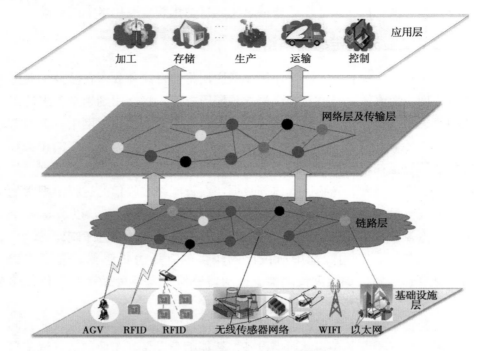

图 1-2　典型的混杂工业无线传感器网络

设备包含零部件、配件、机床、机械臂等；通信设备主要有串行接口设备、专业总线型接口设备、无线网桥、无线网卡、天线以及协议之间的转换设备等。②链路层。主要负责把终端设备采集的数字化信息转化成无线传感器网络可识别的数据帧，进行设备间的可靠性传输。③网络层和传输层。负责网络数据传输路径规划算法执行，确定源节点到目的节点的传输路径，并在传输层相关协议的控制下进行数据流控制传送。④应用层。对于不同的工业场景和监控对象，形成不同的应用程序，目的在于对不同功能下的传感信息进行管理决策。网络设备通过无线通信方式形成一个多跳自组织的网络系统，整个监测过程无需过多的人工干预。

　　由于工业生产制造和管理环境的特殊性，工业无线传感器网络常常具备自身独有的特性：①工业环境复杂，常存在高温、高湿、振动剧烈等现象，对传感器节点的正常工作和生存寿命存在挑战；②网络节点灵活自组织但拓扑结构较为复杂多变，传感器节点由于工业要素特点导致分布较为复杂，另外环境干扰会导致网络拓扑复杂多变；③不同类型的智能传感设备共存形成异构的网络特点，其中通讯协议和通信模式常存在差异性；④数据传输可靠性要求较高，针对安全生产的高标准要求，周期性和突发性地采集环境数据并进行有效可靠的传输是工业环境对网络数据传输的主要特点。

1.1.3 工业无线传感器网络性能局限性

部署在工业环境中的传感器网络因其局限性而面临的挑战较多，表现特点为复杂性、不确定性以及突发性，诸多局限和不足往往会影响网络的数据传输性能。现实场景与工业无线传感器网络性能相关的局限因素主要包括：

（1）无线传感终端设备的性能有限。无线传感器网络智能设备的终端节点一般为普遍节点，其适应环境能力一般，而工业生产环境的高温、潮湿、多噪声的环境对终端节点的稳定性和生存寿命有一定的影响。例如，高温潮湿环境容易使传感器老化，缩短节点的寿命；多噪音环境使得数据传输时容易引起绕射效应，导致传输中的丢包率过高，影响传输质量。另外，终端节点因自身寿命或外界影响，往往会使节点失效而造成网络拓扑的频繁变化。

（2）生产设备和生产环境对数据传输信道存在干扰。其中，生产设备（比如锻造设备）对无线信号会产生金属反射干扰，而大型设备（起重设备）又会对无线信号形成遮挡和干扰，工作状态下的设备也会产生相应的电磁脉冲干扰，将会对网络性能产生影响。另外，工业生产环境多存在区域隔断现象，无线信号传输在穿透、反射和散射的过程达到不同介质，在第一介质中会有少量信号以反射的形式停留，而大部分信号则以透射的方式进入第二介质中，在此过程中信号强度随着穿越介质的数量增加明显衰减[5]。目前，在工业无线传感器网络中，大多传感器设备部署在厂房内部，其布局特点是区域性的、存在阻断的、分布不均匀的，那么无线信号在经历远距离的多次传输后，并且在钢结构架构厂房下放大了无线信号的衰减效果，从而导致无线信号质量明显下降。

（3）网络混杂存在增加通信的复杂性。在实际工业场景中，存在多样的网络设备和网络协议，比如：以太网、无线局域网、无线传感器网络以及无线蓝牙等，使得工业无线传感器网络常具有多种通讯模式并存、远程和局域通讯并存、静态节点和动态移动节点并存、多种网络结构并存的异构开放网络特点。异构共存的无线通信信号之间存在的干扰，会导致传感器网络自身信号质量严重下降，进而大幅影响整个网络的通信性能。

（4）数据传输的可靠性要求较高。在工业环境中，生产单元周围状态必须实时收集到物理处理系统中进行分析和决策，从而有效地实现智能加工，提升工业的生产效率。特别是生产环境指数不达标、工业设备突发事故等情况的存在，都对工业无线传感器网络的数据传输能力提出极高的要求，需要第一时间获知这些突发情况，并做出相应的决策和挽救行动。

诸如此类的特征是导致节点故障概率上升、节点生命周期缩短、传输链路不稳定等问题的主要原因所在，严重时甚至会导致终端节点失效、数据丢包率与误码率高居不下、网络覆盖率严重下降等。而由此引发的节点失效，往往会使原本连通的网络拓扑分割后产生一些信息孤岛，严重情况下会造成网络局部或全局瘫痪，以至于造成网络服务质量的急剧下降。因此，工业无线传感器网络的数据传输可靠性是在无线传感器网络遭遇突发事故时衡量其网络可靠性的综合性指标，已成为当前工业物联网规模化应用的瓶颈之一。

1.2 研究意义

近年来，"中国制造 2025"国家战略受到中央及地方各级政府和各大中小制造企业的广泛关注，目前我国大多数企业还未达到工业 4.0 的标准，仍处于工业 3.0 标准的范围，在生产制造、流程优化、科学管控等方面水平较低，智能制造还浮于纸面上并未落实到实际生产和管理中[6,7]。就目前而言，制造强国战略下智能制造方面需要提升的空间还很大[8]，本书开展工业物联网的核心技术之一的无线传感器网络数据传输可靠性方法研究，具有积极的社会意义。

现代工业物联网在传统工业制造系统的基础上，将具有环境感知能力的各类智能传感终端投放到与工业生产与流通相关的各个环节，经过无线自组织形式组网成为无线传感器网络，可实现生产过程监控、环境状态监控、生产设备监控、生产材料消耗监控，以及物流运送监控等方面的工业自动化、信息化与智能化。具体的研究意义如下：

（1）工业生产管理区域隔断化、大型设备存在等特点使得工业无线传感器网络拓扑较其他网络环境更为复杂，恶劣的生产环境常常引起节点失效，设备间的相互干扰常导致通讯链路中断，此类现象使得原本连通的网络框架产生分割，造成不同程度网络信号传输质量的下降甚至是网络瘫痪，直接影响正常的工业生产和生活[9,10]。因此，研究工业无线传感器网络拓扑演化趋势及建模，有利于构建稳定高效的无线传感网络系统，对网络数据传输可靠性研究有重要意义。

（2）随着工业规模的扩大，工业无线传感器网络的规模也在不断扩大，而传统方法在大规模网络管理方面存在限制。一方面受限于传感器的能量和计算能力较低，在传感器节点的配置方面较为复杂；另一方面管理系统对全网的统一管理能力较为有限，控制和转发在现有的网络交换设备中呈紧密耦合，网络的控制和管理非常不便，并不能很好地解决此环境下的一些非线性网络行为，如网络资源共享等。因此，研究大规模混杂工业无线传感器网络的管理方法，有利于灵活管理运维网络、大型网络自适应扩展，对网络数据传输可靠性方法的研究有较大帮助。

（3）移动智能终端越来越多地被应用于工业生产管理之中，如物料运输和装卸等，传统的数据传输方法研究仅利用移动节点充当无线传输过程中的中继节点，未考虑真实工业场景下的移动智能体的自身特点，未与真实工业生产环节中的移动智能体的任务调度相关联。因此，研究面向移动智能体任务调度的网络可靠性数据传输方法，对于工业环境下智能调度方法研究有重要意义。任务调度建模方法的设计有利于科学合理地任务分配、有效地调度移动智能体及节省生产过程的成本。

（4）在工业环境下要保证无线通信的可靠性有非常高的难度。一方面恶劣的工业环境增大传感器故障的概率、缩短其生命周期，设备所产生的电磁干扰常常使得无线通信中丢包率与误码率上升；另一方面制造环境下产生的信息量较大，而生产过程涉及的多源信息采集费时、滞后，都会导致网络传输中的数据量急剧增长。因此，研究面向任务驱动的移动智能体协作路由算法，有利于移动智能体在干扰的情况下选择最优路径进行快速数据传输，提升通信能效，对传感器节点能耗优化、工业环境下协作型路由方法研究等具有重要的科学意义。

1.3 研究内容

本研究主要针对以下三个方面：①工业传感器网络的拓扑演化过程。将无线传感器网络扩展为具备混杂工业特征的异构网络，通过在网络中分别引入长程连接与超级节点等网络对象，提升网络通信性能，改善网络连通性。②分别从固定节点和加入移动节点的网络去研究分析，以数据传输可靠性为目的设计工业环境下无线传感器网络的路由规划方案。从传感器节点失效和扩展网络规模的方面展开讨论，如环境影响、硬件故障、通讯链路中断、节点能量耗尽等现象会导致节点失效；厂房的规模扩大导致现有的节点不能满足当前的需求等，从而引起网络覆盖度和数据传输的问题。③引入移动智能节点。借助无线传感器网络中存在大量的冗余节点和工业场景中常见的移动通信节点，使得网络能够动态适应因节点或链路失效所导致的网络框架变化，引入节点间邻居或移动体协作方式，利用适合工业场景的启发式算法快速实现路由冗余或修复，降低网络通讯负载与能耗，从而提升网络的数据传输的可靠性。

本书研究的主要内容有以下几点：

1. 基于复杂网络理论的工业无线传感器网络拓扑演化研究

分析传感器节点的随机失效问题所引起的动态网络拓扑的演化趋势，就网络覆盖度和连通性等方面进行深入研究；研究无线传感器网络拓扑的演化机制，对网络覆盖度的优化机制进行分析研究；基于应用服务反馈机制、监控汇聚节点及区域内的能量信息，以及为避免节点因通信量过大而失效，研究应用层节点管理服务中的节点休眠规则、汇聚节点动态更换机制。根据复杂网络研究中的小世界网络与无标度网络的特点，基于已被有效证明可明显改善无线传感器网络性能的优势，该研究针对小世界网络的特性，通过分别引入长程连接规则与超级节点的设计，将工业无线传感器网络改造成为具有小世界网络技术特点的异质网络。另外，研究工业无线传感器网络硬件基础设施安装部署的方法，将基础设施的综合性能的可靠性提升到最优。

2. 大规模混杂工业无线传感器网络管理研究

由于无线传感器网络规模与工业环境的规模是相适应的，随着网络不断扩展以及工业智能设备的加入，都会给节点管理、拓扑建构等网络管理方面造成困难。本书引入"软件自定义"混杂工业无线传感器网络的概念，借助文献分析软件自定义技术在大规模网络应用和扩展方面的优势，并利用其软件定义网络、网络管理控制和数据包转发相分离的特点构建软件自定义混杂工业无线传感器网络框架，用以解决大规模网络管理、规模伸缩和网络覆盖等问题。其中，通过虚拟映射技术实现智能终端节点的管理，以虚拟化技术实现整个网络拓扑维护，并以此设计基于度的主动 K 邻居连接能耗算法；在此基础上设计基于深度遍历的路由算法，从而解决网络数据传输路径规划问题。

3. 面向移动智能体任务调度的网络可靠性数据传输方法研究

由于工业环境下网络拓扑的动态变化、网络规模大以及频繁受到干扰且数据传输可靠性要求较高等特征存在，增加了工业网络数据传输可靠性的难度。本书通过引入工业中常见的移动智能元素，研究面向移动体的混杂工业无线传感器网络框架和数据传输可靠性方法。书中从实际工业环境中移动智能小车（Automated Guided Vehicle，AGV）分析出发，通过建立任务调度模型服务于工业无线传感器网络的数据传输，充分结合移动智能小车的工作特点和工业调度任务特性，构造出一种具有启发式的任务调度策略模型。另外，针对单个或多个节点失效情形设计"临时链路"和"移动摆渡"传输方法，并通过实验结果分析验证所提方案在可靠性传输方面得到提升。

4. 面向任务驱动的移动智能体协作路由算法研究

通过构建面向任务的移动智能体协作方案的整体框架，采用移动设备（AGV）在任务驱动下的移动调度策略，结合移动节点的轨迹去设计工业场景下的协作式路由算法。针对工业场景测试平台缺乏这一问题，利用 Omnet 4.6++仿真测试工具通过自定制编程搭建实验平台，并从仿真测试功能角度去开展相关测试。在仿真的基础上，以典型的工业生产制造场景为依托，运用混杂工业无线传感器网络与自动引导小车（AGV）的路由技术，通过四种性能指标去分析它们之间的关系和实际环境对该性能指标的影响，从而将理论成果进行实地测试。通过仿真和实践证明，在移动节点的移动过程中应用该启发式解决方案，可以增加无线传感器网络的数据传输通道，修复网络数据传输路径，达到帮助无线传感器数据传输的效果，从而提升网络的可靠性。

1.4　章节结构

本书遵循理论与实际相结合的原则，针对工业无线传感器网络的数据传输可靠性内容，对其相关的关键技术进行重点研究，在理论层面和实际操作层面均进行相关研究论证工作。理论部分从网络数据传输的关键技术概述入手，在网络拓扑演化趋势、软件定义网络、环境驱动下面向任务的移动调度等基础可靠性技术方面展开分析设计，基于基础性技术设计网络数据传输可靠性方法最终形成工业环境下的路径规划方案；实际操作层面以移动智能体为基础，结合工业调度相关元素来设计面向任务驱动的协作型路由规划算法，并以实际的工业生产制造场景为依托，展开实例仿真测试与可靠性分析。全书共分七章，各章节既相对独立又存在一定的层次递进的联系。具体结构如图 1-3 所示。

第 1 章　绪论

本章首先阐述研究背景及研究意义，主要是对当前工业物联网和工业无线传感器网络进行分析，介绍两者相关性引出本书的研究重点，并据此提出研究内容及创新点。最后，给出本书的组织结构。

第 2 章　工业无线传感器网络关键技术及可靠性研究

本章从无线传感器在工业物联网中的作用出发，基于现存的工业无线传感器网络的体系结构、关键技术、网络标准及协议、具体应用四个方面，对其进行详细的分析与总结，引出当前工业无线传感器网络可靠性研

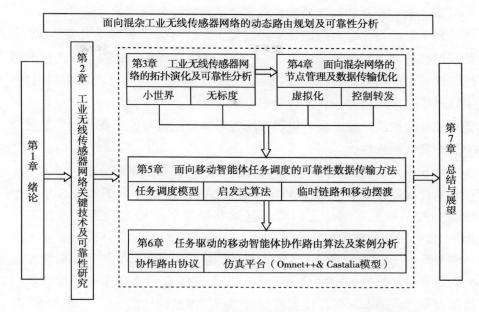

图 1-3 本书研究结构

究中的不足,针对相应问题简要阐述后续章节所研究的方向。

第 3 章 工业无线传感器网络的拓扑演化及可靠性分析

本章从网络传输可靠性研究的首要工作做起,针对网络拓扑演化的研究内容,对涉及点边失效后对连通性的影响进行分析,并对点边失效后加入额外链路对网络性能的影响进行研究。基于工业无线传感器网络典型的分簇结构与能耗敏感等特征,在 B-A 模型上引入四种长程连接的方案进行比较,提出具有小世界网络特征的无标度无线传感器网络拓扑演化模型。

第 4 章 面向混杂网络的节点管理及数据传输优化

本章引入软件自定义网络(Software Defined Network,SDN)技术,利用集中控制、转发与控制相分离、虚拟化和可视化编程等特点,构建一种新型的混杂工业无线传感器网络模型,便于网络节点和链路的管理。在此基础上,考虑节点能耗和负载能力,分别对拓扑和路由发现提出相应的策略,并通过案例和理论分析结合的方法去验证该网络模型中的相关参数对网络性能的影响。

第5章 面向移动智能体任务调度的可靠性数据传输方法

在不影响日常生产组织作业的前提下，设计以工业常见设备 AGV 为代表的任务调度模型，并将 AGV 作为移动代理节点，引入长程连接的思想，设计对应的数据传输方法，通过它与工业无线传感器网络协同组网，实现网络可靠的数据传输。针对单个或多个节点失效情形，分别设计临时链路和移动摆渡两种方案，以确保所提可靠数据传输方法在不同失效情形中具有良好适应性。

第6章 任务驱动的移动智能体协作路由算法及案例分析

结合实际混杂工业场景特征，利用 AGV 移动作业的轨迹，来收集 IWSNs 中节点的传感信息，通过基站和服务器的信息交互，设计基于 AGV 面向任务调度的协作型路由规划方案。在此基础上，针对工业无线传感器网络传输的不稳定性，引入相关的信号干扰机制，提出有效方案解决网络延时和能耗。通过 Omnet4.6++仿真器编码设计工业环境下的网络仿真平台，营造真实环境去模拟验证所提方案的性能。

第7章 总结和展望

在总结全书研究成果的基础上，对未来进一步深入研究的方向和内容进行分析展望。

参考文献

[1] 杜玉河. 《工业物联网白皮书》正式发布 [J]. 起重运输机械, 2017 (10): 34-35.

[2] 周济. 智能制造——"中国制造 2025"的主攻方向 [J]. 中国机械工程, 2015, 26 (17): 2273-2284.

[3] 赛迪顾问白皮书：工业物联网在物联网中占比达 19.8% (2017) [EB/OL]. http://www.cww.net.cn/article? id=424117, 2017.

[4] 杨伟, 何杰, 万亚东, 等. 基于 IEEE802.15.4e 标准的工业物联网安全时间同步策略 [J]. 计算机研究与发展, 2017, 54 (9): 2032-2043.

[5] Matsuura I, Schut R, Hirakawa K. Data MULEs: Modeling a three-tier architecture for sparse sensor networks [J]. IEEE Snpa Workshop, 2003, 1 (1): 30-41.

[6] 李玉敏. 针对国内现状, 聚焦制造本体, 精心奉献, 第十六届"工业自动化与标准化"研讨会——从工业 2.0、3.0 到智能制造 [J]. 中国仪器仪表, 2017 (5): 21-

21.

［7］李清，唐骞璘，陈耀棠，等．智能制造体系架构、参考模型与标准化框架研究［J］．计算机集成制造系统，2018，24（3）：539－549.

［8］李龙．我国工业无线传感器网络产品市场应用及趋势分析［J］．中国计算机报，2016（1）：21－24.

［9］林小春．追赶工业物联网的脚步［J］．半月谈，2017（15）：89－90.

［10］Gungor V C，Hancke G P. Industrial wireless sensor networks：Challenges，design principles，and technical approaches ［J］．IEEE Transactions on Industrial Electronics，2009，56（10）：4258－4265.

第 2 章　工业无线传感器网络关键技术及可靠性方法综述

工业无线传感器网络是物联网关键技术之一，现如今已经融入到纺织、冶金、机械、石化、制药等工业制造领域。无线传感器扮演着为物理世界和控制系统提供信息连接的重要角色，主要负责将各种传感器单元通过无线网络连接起来，并将各个传感器采集的数据进行收集分析，以实现对空间分散范围内物理环境状况的协作监控，进而根据这些信息进行相应的分析和处理，从而掌握整个工业场景中的网络信息。在工业生产和管理过程中，主要采用压力传感器、温湿度传感器、热敏传感器和磁敏传感器等，把工业设备和生产管理等环境数据信息转化为可被智能设备识别的数字信息，为工业物联网数据信息的传输、工业生产自动化和工业管理智能化提供最基础的支持。如何有效地优化组合工业物联网，提高工业传感器网络数据传输的及时性和可靠性，更好地协助工业生产和管理网络提高生产效率、降低整体的运营成本、有效地进行工业风险防控，成为近年来研究的热点问题之一。

本章第 1 节论述工业无线传感器网络技术的发展，以此提出工业无线传感器网络的体系结构；第 2 节分别对工业无线传感器网络现有的关键技术和标准进行阐述；第 3 节主要论述工业无线传感器网络可靠性分析及相关的路由技术；第 4 节针对当前研究存在的问题进行分析，并对下一步研究提出见解；最后给出本章结论。

2.1　工业无线传感器网络的体系结构

工业无线传感器网络的相关技术是当前热门的网络技术之一，提高网络传输的可靠性可及时获取有效的生产环境数据，它的有效利用将大大降低事故风险的发生率和管理人员的工作量，从而降低企业生产成本，提高生产效率。本节从探讨工业无线传感器网络的体系结构出发，引出工业无线传感器网络的关键技术和工业无线传感器网络的可靠性分析，指出工业无线传感器网络技术的产生及快速发展的必然定律，并对目前工业无线传感器网络中存在的问题进行描述性说明。

在实际的工业环境中为满足生产和管理的需求，需要考虑多个因素。一方面，工业无线传感器网络通常具有通讯主体多样化、通讯方式多样化、通讯网络结构多样化的特点，其中涉及在多种通讯模式下静态设备和动态设备互相连接并通信的情况存在，通讯网络的拓扑常常发生变化，及通信距离不固定等。另一方面，工业环境复杂且干扰因素较多。其中环境复杂主要指大型设备众多、区域分布明显但隔断较多等，另外，高温、高湿、高噪声等情况时常存在。因此多方面因素导致工业传感器网络存在干扰，加之网络拓扑常常变化、网络异构、规模较大而导致非规律性或非线性的网络行为出现[1]。因此，工业无线传感器网络是一类较复杂的传感器网络。其混杂工业无线传感器网络典型的体系结构如图 2-1 所示。工业场景中的各种设备及无线传感器节点构成工业无线传感器网络中的各类源节点，源节点存在多种通信网络，常见的有：无线局域网、WiFi、无线传感器网络等。不同网络组成的拓扑一般是星型、网型和树型[2]。源节点通过网络的自组织和多跳路由，将监控和管理的数据传至多个接入点或者基站，再通过以太网等用交换机传递给有线网络的控制器。根据这些数据观察，控制器可跟踪控制和监视整个工厂的作业活动过程和设备状态，从而控制整个作业流程，达到较好的管理水平，提高控制工业生产过程实时性和降低成本。

在工业环境中无线传感器起着重要的作用，但是它们是一群特殊的传感器。与一般的无线传感器对比，工业无线传感器具有以下特点[3,4]：

（1）工业无线传感器网络的布局与工业环境和功能有关，需要人工安装在一些需要检测的设备上，并对其进行监控，因此必须具有可靠性和安全性，而在一般的无线传感器网络中它是随机分配，强调对监测范围的覆盖问题。

（2）工业无线传感器网络中的节点经过网络布局规划好后很难移动，

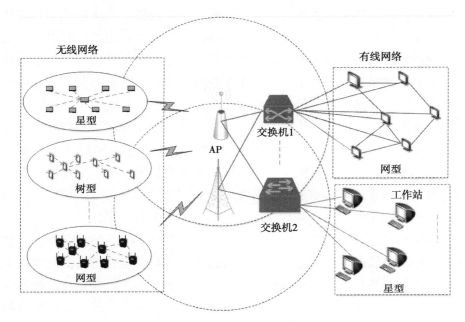

图 2-1   工业无线传感器网络体系架构

除非节点失效需要更换。而无线传感器网络中节点因为随机分布，部分区域存在大量的冗余节点，其中的一些节点是可以移动的，并不影响网络的稳定性。

（3）在工业场景中，障碍物、物理环境、环境噪声以及其他共存网络的干扰都将对工业无线传感器网络性能产生明显影响，因此在设计网络协议的时候一定要考虑可靠性。而一般的无线传感器网络都在大规模厂区或无人区域，所以在网络协议设计的时候主要考虑节能问题。

（4）传统的无线传感器网络实际上就是一个同构网络，各节点之间的地位相同。而工业无线传感器网络中存在多种节点类型，比如：传感器、交换机、手持终端、移动设备、RFID 等设备，它们的协议及功能各不相同，因此工业无线传感器网络是一个异构型网络。

（5）工业无线传感器网络主要任务是对工业环境的日常监测和控制，一旦节点/链路遭遇故障，将可能导致相关生产任务终止。因此，对传输数据的实时性要求比较高。而无线传感器网络一般只针对数据传输的成功率，对实时性要求并不敏感。

（6）工业无线传感器网络因工业控制需要，通常要求发送包括声音、图像在内的多种数据类型。此类数据较文本信息体量更为巨大，对节点/链路的数据冲击更为明显，进而对网络传输速率与传输可靠性提出更高要求。而一般的无线传感器网络通常只发送文本信息。

2.2　工业无线传感器网络的关键技术框架

2.2.1　工业无线传感器网络标准

针对不同的需求，许多组织提出相应的工业无线传感器网络标准，如表 2-1 所示。工业无线传感器网络标准最先由国际 HART（Highway Addressable Remote Transducer）通讯基金会（HCF）提出 WirelessHART，主要用于过程自动化的无线网状网络通信协议。除了保持现有 HART 设备、命令和工具的能力，它增加 HART 协议的无线传输能力，并已经成为学术界和产业界普遍认可的标准[5]。除此之外，IEEE 802.15 工作组中提出 Zigbee 标准，并由其 TG4 工作组制定规范[6]，该标准主要用于传感控制应用，是一种新兴的短距离无线通信技术，已得到业界的支持。ISA100.11a 由国际自动化学会（International Society of Automation，ISA）下属的 ISA100 工业无线委员会制定，它是为各种传感器以无线的方式集成到各种应用中而设计的，因此越来越多地被应用于实际工程中[7]。WIA-PA（Wireless Networks for Industrial Automation Process Automation）标准是中国自行设计的工业无线通信标准，是工业无线联盟基于 IEEE 802.15.4 标准而设计用于工业过程自动化监控与管理的无线网络系统，属于 WIA（Wireless Networks for Industrial Automation）子标准，适合于复杂工业环境[8]。OCARI（Open Communication protocol for Ad hoc Reliable industrial Instrumentation）是从 IEEE 802.15.4 标准推导出来的低速率无线个域网（Low-rate Wireless Personal Area Networks，LR-WPAN）通信协议[9]。最初是由法国国家研究机构（The French National Research Agency，ANR）资助的 OCARI 项目研发的。6LoWPAN（IPv6 over IEEE 802.15.4）其设计

表 2-1 工业无线传感器网络标准

标准	WirelessHART[5]	Zigbee[6]	ISA100.11a[7]	WIA-PA[8]	OCARI[9]	6LoWPAN[11]	LPWAN[10]
组织	HART通信基金会	Honeywell公司	国际自动化学会	中国工业无线联盟	法国国家研究机构	互联网工程任务组	Semtech公司
物理层	IEEE 802.15.4 2.4GHz ISM频段	IEEE 802.15.4 868/915MHz和2.4GHz	IEEE 802.15.4 2.4GHz的ISM频段	IEEE 802.15.4-2006 900/433MHz和2.4GHz频段	IEEE 802.15.4 2.4GHz频段	IEEE 802.15.4-2003 和2.4GHz频段	IEEE 802.15.4 433/868/915MHz
数据链路层	TDMA、信道跳频、直接序列扩频、时间同步	CSMA-CA、超帧	TDMA/CSMA、时间同步、信道跳频	TDMA+CSMA、超帧、信道跳频	CSMA/CA、TDMA、时间同步、信道跳频	CSME/CA、超帧、信道或非信道跳频	线性调频扩频调制技术
网络框架	星型、网型	星型、树型、网型	星型、网型、星型与网型混合型	星型、网型及星型混合型	星型、树型、网型	星型、树型、网型	星型
路由协议	图路由、源路由	按需距离矢量路由、树型网络结构路由	图路由、源路由	静态冗余路由	节能主动和自适应路由	时隙和调度路由	单跳路由
对无线网络的支持	HART, Profibus	LR-WPAN、无线传感器网络	未作规定	未作规定	未作规定	未作规定	未作规定
应用领域	常见于过程工业中	常见于成本低、功耗小的工业中	常见于具有多种网络的工业中	常见于复杂工业环境，如钢铁	常见于发电厂和军舰等约束环境	常见于道路监控、污水处理、应急救援	常见于物联网长距离通信，智慧城市

及研发思想源于 SemTech 公司[10]，是一种基于 IPv6 的低速无线个域网标准，由互联网工程任务组提出，主要的任务是如何利用 IEEE 802.15.4 链路支持基于 IP 通信的同时，遵守开放标准以及保证与其他 IP 设备的互操作性，实现 Internet 和物联网技术的结合[11]。LPWAN（Low‐Power Wide‐Area Network）是针对物联网环境中 M2M 远距离通信所研发的低功耗广域物联网，主要的协议包含 LoRa、NB‐IOT、Sigfox 等。

2.2.2　工业无线传感器网络协议设计

工业无线传感器网络协议要确保不同类型的传感器和控制系统的软硬件之间的兼容问题，因此，工业无线传感器网络协议设计的好坏是关键。工业无线传感器网络的网络协议以 ISO/OSI 开放系统互连模型为基础，根据通信原理对相关层次进行分析[12]，如表 2-2 所示。

表 2-2　各标准的网络层次研究

OSI 层次	Wireless HART	ZigBee	ISA100.11a	WIA‐PA	OCARI	6LoWPAN	LoRa
应用层	√	√	未定义	√	√	√	未定义
表示层	未定义	未定义	未定义	未定义	未定义	未定义	未定义
会话层	未定义	未定义	未定义	未定义	未定义	未定义	未定义
传输层	√	未定义	√	未定义	未定义	√	未定义
网络层	√	√	√	√	√	√	未定义
数据链路层	√	√	√	√	√	√	√
物理层	√	√	√	未定义	√	√	√

1. WirelessHART

经过工业用例的分析，WirelessHART 设备主要包括传感器、执行器、适配器、网关等，它们是基本架构的固定设备，遵守 IEEE802.15.4 规范。而网络的管理器会不停地调整网络结构和网络调度去更换网络框架和通信要求。WirelessHART 网络管理器主要控制的资源包括：RF 信道（高达 15 个）、时间槽、超频、链路和冗余路由。

各个区域中的传感设备及移动设备通过中继设备连接到该网型无线网

络中，再经过具有冗余特性的网关设备和网络管理器连接到主机，该网络管理器相当于一个网关连接着无线传感器网络和工业主干网。具体的网络框架设计是：Sink 节点由区域设备（即区域移动设备或传感器）代替收集该区域所有传感器的数据，再通过接入点传到管理器中。在该工作区中为了精确时间同步，采用 IEC62591-1 协议。

2. ZigBee

IEEE 802.15.4 是低功耗通信系统中的物理层和介质访问控制层（Multiple Access Channel，MAC）标准，较 IEEE 802.11 标准速率低但功耗小；而 ZigBee 则是 IEEE 802.15.4 技术的商业应用，是一种面向自动控制的低速、低能耗、低价格的无线网技术。

ZigBee 标准在物理层与介质访问控制层采用 IEEE 802.15.4 标准，网络层一般采用三种传输方式。一是用于监测应用的周期数据传输，传感器提供关于物理对象的连续感知数据，网络控制器或路由器控制数据交换。二是基于事件触发应用的间歇性数据传输，路由节点控制数据传输。三是基于特定通信应用的重复低时延传输；应用层则制定自身的协议标准，包括应用支持子层（APS）、设备对象（ZDO）和设备商自定义的应用组件、ZDO 规定网络设备的功能等。

3. ISA100.11a

ISA100.11a 的目标是将各种传感器以无线的方式集成到各种应用中。它的优势在于：满足工业厂房需求包括过程自动化、工厂自动化和 RFID；可以实现制造的互操作性；通过错误检测和调频机制可以提高工业无线传感器的可靠性和安全性。但是在非传统应用中，存在一些不必要的复杂性。

ISA100.11a 的网络框架是底层由多个区域设备、I/O 设备和便携设备构成。为满足工业应用的需求，ISA100.11a 支持多种网络框架，如星型拓扑、网状拓扑等。星型网络框架结构容易实现，实时性高，但仅限单跳范围。网状结构拓扑结构灵活，便于配置和扩展，同时具备良好的稳定性。另外，为了提高工业传感器网络的覆盖率、缩短数据传输时延，为 ISA100.11a 网络结构引入骨干网概念，可有效提高网络中数据传输的效率和数据的覆盖率。所有现场设备通过骨干路由器接入骨干网，再通过网关和管理系统将数据传至控制系统。值得注意的是 ISA100. 11a 没有指定过程自动化应用层协议或接口，只是为 IEEE 802. 15. 4 网络定义了协议栈、系统管理和安全功能。

4. WIA‑PA

WIA‑PA 的目标是解决工业环境中过程自动化的一些问题，即：快速诊断流程工业设备故障；工业自动化的两大要求：①无线传输确定性和可靠性的矛盾；②不同的工业自动化要求和多种技术共存。

WIA‑PA 有三种网络框架：星型、网型、星型及网型混合型，并且采用的是集中式和分布式混合的管理架构，其网络的扩展性和抗干扰性是目前短距离无线传输中最好的。网络框架的底层设备主要有监控设备、移动可携带设备、管理计算机以及网络设备等组成，所有的物理设备数据经过路由和网关传至控制器中，并实现安全设备和管理设备的逻辑分类，可在管理计算机和网关等网络设备中实现管控。为了克服网状拓扑延迟的不确定性，WIA‑PA 在数据传输时引入单跳机制，从而减少延时并提高网络的抗干扰能力。

5. OCARI

OCARI 的目标是解决工业发电厂和军舰中的一些问题，它在工业中具有约束时间的通信，最大化工业无线传感器的生命周期和可加入人作为移动 Sink 节点的特点。

OCARI 的网络框架分为三种：星型、网型和树型。一般来说，其网络结构的终端设备是由多个单位调配器和 RFD 组成的固定节点，且所有设备遵循 IEEE 802. 15. 4 规则。单位调配器主要负责簇间的节点使用星型拓扑从终端设备传输到厂区调配器的数据包路由。一般来说，提到的树状路由主要用于时间和能量约束的问题中。车间调配器相当于网关，承载着无限传感器网络和工业主干网之间的交互。当人携带设备进入簇中，可充当 Sink 节点去收集来自于该簇内节点的所有数据，一旦人离开该簇，则获取数据的任务结束。时间服务器是个特殊节点，使用 IEEE‑1588/IEC 61588—2004 协议，主要负责整个车间网络的时间同步问题。

6. 6 LoWPAN

6 LoWPAN 的目标是无线个域网中引入 IPv 6 协议，更好地连接

Internet 和各种智能设备，它具有以下的优势：在低速无线个域网中使用 IPv 6 易于被接受且应用广泛；低速无线个域网完全可以基于 IPv 6 的架构进行简单、有效地开发；更易于接入其他基于 IP 技术的网络及下一代互联网，使其可以充分利用 IP 网络的技术进行发展。

6 LoWPAN 的网络框架分为三种：星型、网型和树型。一般来说，它的网络结构是：终端设备是由多个单位的网关和每个传感器上的一个无线网络传输模块（Transmitter & Receiver，符合 6LowPAN 标准）构成起来，通过连接无线网络或 Internet 去连接这些模块，并与 IP 网络中的各类设备进行连接实现数据传输和网络管理。

7. LPWAN

LPWAN 的目标是实现工业物联网中 M2M 的单跳通信需求，从而支持长距离（最大可达到 100km）的蜂窝汇聚节点的远程通信。它具有以下特点：实现双向通信，具有应答机制；一般情况下采用星形拓扑，不使用中继节点；低速率传输并且耗能低。

LPWAN 网络架构主要由计算机终端、网络和应用服务器、基站三部分组成，通常来说 LPWAN 网络仅适用于星型拓扑结构，但由于拥有长距通信的优点可实现单跳的可靠性数据传输。计算机终端和基站之间是多对多的通信方式，基站可对计算机终端和网络服务器产生的 LoRaWAN 协议数据进行处理，并利用 LoRa 射频传输技术、TCP/IP 传输技术进行转发。

2.3 工业无线传感器网络路由规划及可靠性方法研究

第四次工业革命对生产制造乃至相关产业均产生巨大影响，使得越来越多的研究工作致力于工业无线传感器网络（IWSNs）。它能够为工厂的人员和机器提供远程监控和控制，以减少潜在的设备故障，提高工业效率和生产率。在工业无线传感器网络中，安全可靠的通信在工业应用程序中是至关重要的，在工业应用程序中，获取传感信息失败将可能导致生产线中断、机器的损坏、甚至是工人的生命损失。例如，传感器检测到机器引擎的温度过高或压力过大，由于网络延迟、错误接收或数据丢失等影响工业应用严重故障情况报告，导致这一关键信息交付不成功，从而影响监控系统中的决策，阻止紧急修复行动，最终产生引擎的损坏或更为严重的不良后果。因此，当发现事故隐患时，如何确保该网络中的数据通信的安全性和可靠至关重要。

工业无线传感器网络作为一种服务于工业应用的典型设施，它的数据传输常会受到机械干扰、金属摩擦损伤、外部人为干预和设备噪音等不利因素的影响[13]，引起节点和链路失效，从而导致无线数据传输的失败，对工业无线传感器网络的宝贵资源造成极大的浪费。因此，对于工业无线传感器网络而言，数据传输的可靠性就是网络中节点或链路失效情形时，仍然可以提供稳定及可靠数据服务的能力[14]。

数据传输的可靠性是在无线传感器网络遭遇突发事故下，衡量其网络可靠性的综合性指标。数据传输可靠性问题的解决对于突破无线传感器网络在工业物联网领域的自动化、规模化应用的瓶颈具有十分重要的意义。但由于受到规模巨大、网络异构、传递时延等内在因素以及外部环境干扰因素的共同作用，使得工业无线传感器网络数据传输可靠性行为呈现出明显的不确定性，因此也成为当前工业无线传感器网络研究领域的难点。这也促使众多研究关注该领域。

本章通过考虑工业应用环境设计拓扑演化、网络重构及数据传输路由协议，应满足以下六方面的要求：①满足用户对网络的可靠性和软延时需求；②按照给定的目标节点去计算不必要成本的多路径，实现跨路径的负载均衡；③按照多目标函数去计算用于链路的不同度量类型的路径；④考虑节点约束的路由，包括电量、内存、设备的位置等；⑤分发链路失效的信息到达数据包快速分流；⑥便于网络管理和部署。

2.3.1　工业无线传感器网络拓扑演化重构的路由可靠性方法研究

在工业无线传感器网络中，终端设备的暂时性失效常常导致网络拓扑的变化，而工业生产作业环境的复杂性往往会加剧减少终端设备的使用寿命、提高网络拓扑变化的频率；而移动智能设备将生产组成环节引入以动态自组织的形式加入工业无线传感器网络，并联网进行数据传输，其位置在实际的生产调度过程中会随着时间和工序的变化而变化，无形中增大了工业无线传感器网络结构的动态性和不确定性。

因此，对于工业无线传感器网络要求必须具备较好的异构性、兼容性和适应性。而对于工业无线传感器网络拓扑的研究工作将在网络拓扑的组成形式、网络失效机理、网络动态演化等多个方面进行，特别是在网络失效中发现规律，并在生产调度等任务驱动下利用移动智能设备形成新的网络拓扑。目前，无标度网络的研究发现其能提升网络自身的容错和纠错能力，具备相应的抗干扰能力和抗攻击的能力，可有效应对终端设备故障失效的情况；而小世界网络在构造数据传输路径方面较为有效，极大地提高网络数据传输的效率。所以，有效地建立工业无线传感器网络无标度网络模型和小世界网络模型，将极大地提高工业无线传感器网络的可靠性和抗毁性。

1. 网络拓扑演化

由于工业网络规模扩展或节点失效等情况，引起该网络拓扑的演化。本章研究方法主要是工业环境下的无标度网络生长、构建和应用。其网络拓扑演化的相关研究如表 2-3 所示。

在文献［15］中首次提出复杂网络中的无标度特征，其最显著的特点是网络中节点的度分布符合幂律分布。在无标度网络中，高度数的节点占整个网络的比例较小，但是这些节点在面临随机故障时的失败概率较高。而网络中低度数的节点面对故障影响时，对网络性能的影响并不大。由于这个原因，无标度网络被证实在随机攻击下具有很好的生存能力。由于无标度网络对于节点的随机删除或故障具有鲁棒性，因此激发了本章利用无标度理论构建无线传感器网络的高生存性网络。目前，围绕这个方向已存在很多研究。据查，陈等[16]是第一个提出将无标度理论应用于无线传感器网络拓扑结构的。在这项研究中，作者假设一个新的传感器节点加入网络时，它按照"优先附着"原则，在 B 模型中从网络中随机选取一定数量的现有传感器节点去组成可选节点集合（成为局部世界区域），新来的节点只能连接到属于它的局部世界的节点，并且与度大的节点附着的概率较高。但是，在本书中未考虑无线传感网络的能量敏感性问题。朱等[17]提出无线传感器网络的两个无标度演化模型：能量感知演化模型（Energy-Aware Evolution Model，EAEM）和能量平衡演化模型（Energy-Balanced

Evolution Model，EBEM）。在 EAEM 中，新加入的节点被赋予更高的优先级去连接具有更高剩余能量的节点。在 EBEM 中，除了能量因子之外，连接度也是新加入节点选择现有节点进行连接的影响因素。实验表明，EBEM 在节能方面的性能优于 EAEM。在上述两篇论文中，作者均提出了假设，即无线传感器网络是均匀的，并且网络节点的作用和功能是完全相同的。

表 2-3　无标度网络的相关研究进展

时间	作者	方式	分簇	模型
1999	Barabás 和 Albert[15]	首次发现	是	B-A 模型
2007	Chen，Lijun 等人[16]	提出并应用	是	改进 B-A 模型
2009	Zhu，Hailin 等人[17]	提出并仿真	否	能量感知演化模型（EAEM）和能量平衡演化模型（EBEM）
2011	Li，Lixiang 等人[18]	提出并仿真	是	局部世界异构演化模型（L-W 模型）
2012	Jiang，Nan 等人[19]	提出并仿真	否	改进局部世界异构演化模型
2011	Qi，Xiaogang 等人[21]	提出并仿真	否	基于自适应无标度网络的无线传感器网络拓扑演化（TEBAS）
2012	Zheng，Gengzhong 等人[22]	提出并仿真	是	线性增长演化模型（LGEM）和加速增长演化模型（AGEM）
2009	Chen，Lijun 等人[23]	提出并应用	是	基于随机行走的无线传感器网络簇间拓扑演化模型（R-W 模型）
2013	Wang Yaqi 等人[24]	提出并仿真	是	改进的 R-W 模型

但实际上在大多数实际工业场景中，无线传感器网络是分簇结构，其节点可以分为常规节点和簇头。常规节点负责感知环境并将采样数据传送到簇头节点，簇头节点负责将数据多跳传送至网关节点。基于这个考虑，李等[18]提出一个无线传感器网络的异构演化模型。通过该模型可知，如果新加入的节点的角色被设置为常规节点，则其度数只能是 1。相反，如果新加入的节点确定为簇头节点，则有可能获得更多的连接。在这个结果的基础上，江等[19]研究出一个改进的基于局部世界（Local-World，L-W）模型的异构进化模型。相比于从全局网络中选择连接对象的 B-A[20]模型，新节点只能建立与来自可调的本地（即定义区域）的对象的连接。

因此可以根据应用的需要调整所得模型的幂律指数。

在上述研究中，通过考虑连通度和剩余能量来选择连接节点，然而无线传感器网络的拓扑结构也受到传感器节点发射功率的限制。由于这个原因，齐等[21]将自适应的通信范围引入到拓扑控制算法中。通过这种方式，生成的拓扑结构遵循无标度的特点，保持网络低能耗。在真实环境中，除了节点添加外，节点删除和链路重构也可能在演化过程中发生。在此基础上，郑等[22]提出一个具有重构机制的WSN演化模型，该模型中节点和链接的动态行为更加多样化，生成的拓扑在实践中更加灵活。还有一些研究人员试图通过使用随机游走（Random-Worker，R-W）模型来构建无标度网络的无标度拓扑[23,24]，与B-A模型和L-W模型的优先附着原则不同，R-W模型利用漫游者通过的次数来确定现有节点与新加入节点的新连接的概率。虽然使用R-W模型与通过B-A或L-W模型构建的拓扑结构没有太大区别，但仍为本研究提供了新的设计手段。

2. 网络重构

网络重构是指在已有的网络设施的基础上，引入新的设备加入到该网络中进行数据传输，提升网络可靠性。本节的研究内容引入小世界网络的概念，加入长程连接和移动代理，构建更为可靠的通讯链路，提升异构网络的数据传输的性能。当前网络重构的研究内容主要有：

通过将一些随机连接引入常规网络，网络可以具有较小的平均最短路径长度以及较大的聚类系数。对于无线传感器网络来说，由于无线传输半径有限而带来的物理限制，构建链路长度是一个具有挑战性的问题。Helmy等人通过引入长距离有线电缆去证明小世界效应也可以应用于无线传感器网络中[25,26]。Sharma等人[27]进一步对链路长度的影响展开研究。对于由1 000个均匀分布的节点组成的WSN，只需要5~24个链路，网络的平均路径可以缩短60%~70%。Hawick等[29]从覆盖率、容错性和节能角度来研究链路的提升效应。其实验表明将小世界网络特征引入到无线传感器网络中可以大大降低网络中孤立簇的出现概率，从而充分提高无线传感器网络的覆盖效果和寿命。尽管多个文献[25,29]研究小世界无线传感器网络的优势已经得到证实，但由于链路是随机部署的，因此效果无法达到最佳。为了提升该效果，Guidoni等人[30]提出两种链路布局方案：

DAS（指向接收器的角度）和 SSD（接收器节点作为 DER 源或目的地）。在此基础上，考虑传感器网络分布式特征，Guidoni[31]等提出在线布局方案去设计具有小世界特征的异构传感器网络拓扑。但选取过程仍带有明显随机特征，且能耗负载失衡并未得到有效缓解。

2.3.2　基于网络节点管理的路由可靠性方法研究

由于实际工业生产和管理的需要，在网络组成结构中无线传感器网络需要对各种应用提供服务及对底层的终端设备和网络设备进行管理控制。然而复杂的工业环境所引起的传感器网络混杂等特点，造成工业传感器网络在管理上较为困难，而传统的网络模式又难以实现复杂的网络调度。因此，工业无线传感器网络尝试采用新型的控制与转发相分离的网络模式，由工业控制器负责计算并部署调度策略，工业网络设备在调度策略下进行数据转发，在此基础上提高网络的可靠性和可管控性[32]。软件自定义技术（Software Defined Network，SDN）的出现为研究和应用提供了解决方案。

软件自定义网络主要由控制器、交换机、应用层和终端设备组成[33]。基于网络交换机的思想，包括转发和控制元素分离，集成控制和可编程功能，可以将控制功能与网络交换机分开[34,35]。分离的功能通过外部控制器进行安排，通过提供统一的命令来管理网络中的交换机和终端设备。控制器通过南向接口的 OpenFlow 技术使用连接交换机来与转发层的网络通信获取整个网络的信息；转发层主要负责数据处理、转发和收集，并根据控制器发送的流表信息进行相应的动作；流表信息主要包括匹配项目、指令或计数[36]。

另外，控制器利用北向接口连接应用层，其作用主要是实现对整个网络的全面控制，进一步实现控制器的监控功能、拓扑管理、路径管理、协同管理等多种功能。软件自定义技术可以解决传统网络中的一些问题，比如，网络扩展、个性化需求以及网络安全等。这些特点使得它可以应用于工业无线传感器网络，以解决能源效率问题，优化网络拓扑结构，提高工业环境中的网络可靠性。

目前，关于软件自定义方法用于无线传感器网络中的研究主要存在两方面：调度算法和网络框架。

一方面，节点能量消耗包括节点通信发送、接收能量消耗、网络监听消耗等，为了能够延长节点的使用时间，增长网络的生命周期，降低网络运营成本，如何设计一个良好的节点调度算法是十分重要的。SDN 节点调度主要由两层分工来完成，即传感层和连通传输层。传感层主要负责收集数据，节点在信号覆盖度内去利用节点状态转换算法不断变换节点状态，即工作、休眠和检查；连通传输层主要是运用 SDN 控制器去控制报文传输时的路由选择。王等人[37] 提出一个睡眠调度算法（Software Defined Network - Energy Consumed uniformly - Connected K - Neighborhood，SDN - ECCKN），每完成一次任务就在控制器内进行计算，因此任何两个传感节点之间不需要广播，实验表明这种方法减少了数据传输的次数，增加了网络总体寿命。Shanmugapriya S. 在文献［38］中提出一种利用 SDN 体系架构、基于上下文感知的因素推动的路由算法。该算法融合上下文感知方法和策略路由思想，利用 SDN 灵活的控制与转发分离的特点，提供路由集中控制、动态地选择不同的路由算法，从而使无线传感器网络的路由协议更为灵活。Ejaz 等人[39]设计一种节点节能的软件定义无线传感器网络，以最大限度地降低发射器的能耗。Xiang 等人[40]通过选择控制节点和通过控制节点动态分配不同的任务的方法去研究软件定义无线传感器网络的节能路由算法。张勇等人发表基于 SDN 架构的 WSN 入侵检测技术文献［41］，指出利用 SDN 的 OpenFlow 技术模型，将网络管理控制和数据传输分离，在管理控制层将网络设备中的控制层面虚拟化，处理网络中的路由选择、协议控制等，数据层将网络中所有报文封装起来，报文转发都由控制协议来计算选择。再结合网络认证或加密手段等可以提高无线传感器网络的安全性。

另一方面，从传统无线传感器网络的应用角度出发，利用 SDN 转发与控制相分离的特色，把软件自定义技术应用于无线传感器网络之中，改善传统无线传感器网络的不足，提高无线传感器网络的生命周期、效能比，提高网络的传输效率，切实达到负载均衡。典型的软件定义无线传感器网络（Software Defined - Wireless Sensor Network，SD - WSN）架构主要包括三层结构[42]：应用层、控制层和转发层，详细如图 2 - 2 所示。

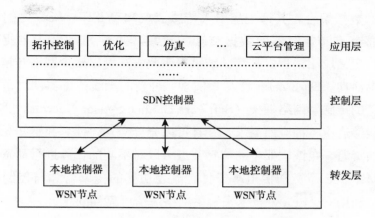

图 2-2　SD-WSN 三层架构

　　应用层主要包括拓扑控制、路径优化、仿真及特殊应用等；控制层主要负责路由选择，如：获取节点的相关信息，并通过计算定义流表项，然后下发流表至相关转发节点。控制层可以根据网络规模和结构决定它在基站、网关节点、中间节点或者簇头节点配置方案。如：小规模无线传感器网络可以采用集中控制结构，控制层可以放置在基站或网关节点处；中大规模无线传感器网络根据其分簇的状况、网关节点去配置主控制器，区域内的簇头节点配置各个子控制器。转发层主要是普通节点收集环境中所需信息并接收控制器的命令报文，根据不同报文指令做出动作，主要包括接收流表项用于转发数据、周期性信息询问报文等。

　　现存的软件自定义无线传感器网络研究百花齐放，涉及的设计框架如表 2-4 所示。Costanzo 等人在文献 [43] 中提出针对无线个人区域网络开发的 SDWN 框架。Gante 等人在文献 [44] 中提出 SDWSN 体系结构，主要使用 SDN 控制器来管理维护节点，在网络管理系统的统一调度下实现网络管理，采用可视化操作的特点，动态获取节点当前状态，对节点加入与删除变得非常容易，使得网络具有可扩展性。黄等人[45] 提出一个认知 SDWSN 框架提高无线传感器网络的能源效率和适应性环境监测，该架构采用强化学习方法来执行价值冗余过滤和负载均衡路由，以实现能源无线传感器网络对不断变化的环境的高效率适应。Galluccio 等人[46] 采用 SDN-WISE（Software Defined Networking for WIreless SEnsor networks）方法支持占空比和数据聚合，其适配层引入传感节点和 WISE – Visor 之间转换以减少传感节点和控制器的数据交互的次数，并对 SDN 控制器提供 API 以实现自定义应用编程，其测试结果表明此方法可以减少网络开销，提高网络的灵活性。Deze Zeng 等人[47]实现一种新的无线传感器网络范式，即软件定义的传感器网络框架（Software Defined Sensor Network，SDSN），该框架能够适应各种应用需求，并且可以充分交互，计算和感知无线传感器网络的资源，在该框架中的传感节点可以对不同的任务进行动态可编程功能。Mahmud 等人[48]提出基于具有流表功能的传感器和与控制器的通信统一，利用 OpenFlow 技术来解决网络通信可靠性问题。

表 2 – 4   当前软件定义无线传感器网络框架相关研究（SD – WSN）

时间	架构	实施	控制器	关注点
2008	Sensor – OpenFlow[36]	仿真测试平台	集中	协议
2011	Flow – Sensor[48]	仿真	集中	可靠性
2013	SDSN[47]	提出	分布	节点变服务器
2014	SDWN[43]	提出	集中	一般性
2015	SDWSN[44]	提出	集中	便于管理
2015	Cognitive SDWSN[45]	仿真	集中	能量自适应
2015	SDN – WISE[46]	仿真测试平台	分布	减少开销

然而，控制与转发分离的技术并不能直接应用于现有的工业无线传感器网络中。本章研究控制与转发分离的调度模式在工业无线传感器网络中的应用，为集中式的资源调度提供协议支持。与有线网络不同，工业无线传感器网络采用控制与转发分离模式都要考虑以下几点问题：网络节点既是数据产生者，又是数据转发者，调度方案需要考虑节点的双重功能；无线协议的跨层调度需要在网络逻辑控制部分实现；在没有物理端口区分的情况下实现控制通道和数据通道的分离。针对上述问题，本章设计 IWSNs 集中式资源调度协议，研究相关的网络调度算法。

2.3.3   面向移动智能体调度的路由可靠性方法研究

国内外研究大多涉及利用移动节点进行网络修复、连接数据孤岛的区域从而达到数据收集的功能，而基于移动节点的数据传输方案设计主要考虑到网络拓扑结构、传感器节点移动性、网络覆盖、连通性以能量消耗等相关因素。

通过移动节点的加入，无线传感器网络中的数据收集时能耗问题能得到改善。用于移动数据收集策略的类型包含以下三方面：移动 Sink 节点、移动传感节点和移动软件代理。在移动 Sink 节点和移动节点的数据收集策略中，允许 Sink 节点或普通节点漫游网络去收集各种数据，而在移动软件代理的策略中，只能通过特定的软件对相关的节点进行迁移数据采集。图 2-3 中，对无线传感器网络常见的基于移动体的数据收集方法进行初步分类，并在后续段落中详述之间的差异。

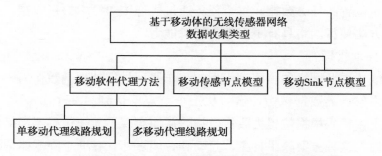

图 2-3　基于移动体的无线传感器网络数据收集的分类方法

1. 移动 Sink

基于移动 Sink 节点的无线传感器网络数据收集策略中，Sink 节点是可以穿越整个网络从各个节点收集数据的，这种方法虽然可以实现低能耗的数据收集功能，但是控制移动节点间的数据收集和能量约束条件下满足服务质量（Quality of Service，QoS）要求会存在矛盾。

移动机器人是该类无线传感器网络数据收集策略的一类常用的移动 Sink 节点。文献［49］分析解决移动机器人在工业应用中实施规划、调度和通信中出现的问题；文献［50］提供多种移动机器人与 WSN 协同应用的调查研究，阐述机器人和无线传感器节点的协作机制，最终可获得较好的网络性能。

2. 移动传感节点

基于移动传感节点的数据收集策略的过程是将移动节点充当中继节

点，且通过改变其位置去转发数据。因此，与移动 Sink 节点相比，移动传感节点在漫游整个网络的时候并不收集数据，仅仅作为节点间链路的连接者。这种策略可以缓解中继的开销，但是它们的个数和速度是保证策略性能的关键。

近几年，移动传感节点（或可重新定位节点）数据收集策略被采用。采用移动的普通传感器节点去替代失效节点，在文献［51］中引入两个新元素，即：超级电线和超级节点，来提高无线传感器网络的抗毁性。在此基础上，定义一个新颖的中心度测量，实验证明该策略增强了低成本网络的抗毁性。

采用无线移动智能体接收并传递数据，文献［52］对适用于无线通信网络的代理提出一种新的自组织应用模型。在该模型中许多代理需要收集来自任意位置的任务数据，每个任务通过代理传送给中央接收器。其结果表明该方法使得网络具有更强的自组织能力。

3. 移动代理

无线传感器网络中多移动代理的工作原理是把处理函数作为一个小代码放在需发送的数据包中，然后从一个节点发送到另一个节点[53]。在每个节点上，代码根据位置去收集数据，从而实现了无线传感器网络中的计算灵活性，这种方案除了自主、互动和智能之外，有助于降低能量消耗和通讯成本。

文献［54］采用移动代理摆渡的方式接收并传递数据，从移动节点把网络中每个节点的数据发送给其他节点的速率不同出发，提出三个方案去协调收集和传递数据，移动代理摆渡在稀疏 ad hoc 或传感器网络已被证明是有效的方法。

文献［55］采用智能驴移动代理节点 MULE 去接收并传递数据，提出并分析了稀疏传感器网络中采集传感器数据的三层体系结构。利用存在于环境中的移动实体（称为 MULE），在近距离时，MULE 从传感器获取数据将其缓存，并将其传送到有线接入点，使得数据传输的成本降低，对进一步的相关研究提供了理论帮助。

2.3.4 面向路由规划设计的可靠性方法研究

高效路由的关键在于路由协议和路由度量算法的有效搭配，工业无线标准为了保证数据传输的可靠性，提出了支持多路径技术的图路由协议，并且定义了图路由的工作机制，但未给出路由图的生成算法及路由度量。在当今的研究中，主要从网络延时性、能耗、网络开销以及 QoS 性能出发，涵盖路径建立、数据通信、网络结构等方面，通过分簇路由协议、多路径路由协议、图路由协议以及移动路由协议去进行路由设计。

1. 分簇路由协议

一般来说，工业无线传感器网络主要通过分簇协议把该网络划分成不同的集群，每个集群中选定一个簇头去收集该集群中所有节点信息，再通过簇头间的合作将信息传至 Sink 节点。这种分布式解决方案，使得它的延时小、冗余少、网络的鲁棒性好。但是由于这种路由的簇头选举遵循一定的规则，一旦不满足规则将会更换，这种情况增大了网络开销。因此，支持可靠性数据传输的分簇路由协议得到企业和学者们的广泛关注，并取得了一些成果。基于分簇的路由协议与平面路由协议相比具有多种优势[56,57]，例如更高的可伸缩性、更少的能耗、数据聚合/融合、更强健的性能、负载平衡、网络最大化生命周期以及高服务质量优势等。

Arumugam 等人[58] 设计一种高能效的 LEACH（Low Energy Adaptive Clustering Hierarchy）协议收集数据，该协议在数据集成和分簇优化的基础上提供一种无线传感器网络节能路由。Hussain 和 Matin[59] 讨论了基于分层分簇的路由协议（Hierarchical and Clustered Routing，HCR），其中每个簇由一个簇头和多个簇成员组成，簇头（Cluster Head，CH）从群集成员接收消息，聚合消息并将其发送到基站（Based Station，BS）。所有的传输都是单跳，簇头发送远程广播消息，簇内成员发送短距离广播消息。模拟在 HCR（HCR-1，HCR-2）和 LEACH 的版本上进行，发现 HCR-1 和 HCR-2 比 LEACH 性能好。Lee 等人在文献 [60]中讨论分析另一种用于传感器网络的基于簇的路由协议，该协议不使用传感器节点的位置信息，而是根据网络的情况去获取网络的剩余能量和所需簇头数来构建簇。对于所提议的协议与 LEACH 相比，该协议提高了传感器网络的数据速率和寿命。文献 [61] 提出基于神经网络的结构和原理的动态聚类无功路由算法（Dynamic Clustering Reactive Routing，DCRR），其中传感器节点是事件驱动的。将 DCRR 的性能与 TEEN 进行比较，发现 DCRR 算法在电池配电方面达到了明显更好的平衡，并且提高了网络的能量效率和使用寿命。文献［62］提出一种基于 LEACH 的分层路由协议的阈值敏感节能传感器网络（Threshold sensitive Energy Efficient sensor Network protocol，TEEN），该网络由远离基站的第一级簇头和靠近基站形成的第二级簇头构成，簇头向邻居节点发送两种类型的数据，一种是硬阈值（Hard Threshold，HT）模式，一种是软阈值（Soft Threshold，ST）模式。

使用 TEEN 方法存在一定的假设[63,64]，即：基站可以直接向所有节点传输数据，该方法为簇头和基站使用两层传输数据架构，所有传感器节点具有相同的初始能量。当然 TEEN 也有弱点，如节点必须等待数据传输的时隙；当节点没有数据传输时该时隙被浪费。

2. 多路径路由协议

为了克服工业环境对无线传感器网络的影响，一些研究者考虑了工业复杂环境干扰问题，通过设计连通度保持路由，思考多路径数据传输机制，来选择一条备用路径传输冗余数据包达到可靠性要求，若这条路径不满足需要条件，则随机选择一条额外路径。为了保证整个网络的高容错率，一些多路径路由协议运用不相交的多路径（Disjoint Multipath）方法去解决负载均衡和缓解拥堵的问题。该方法的具体实现包括两种形式：链路不相交（Link - Disjoint）和节点不相交（Node - Disjoint）。其中，链路不相交可保证链路的可用性，节点不相交可以缓解拥堵。

针对数据传输的可靠性来说，一方面，目标节点接收到的数据量与源节点发送的数据量的比值越大其可靠性越好。使用单一路径将数据从源传输到目标的协议具有较低的数据可靠性，这是由于各种因素造成的，如环境干扰、节点故障和资源约束。并且当数据包的大量传播时，会导致网络拥堵，这也可能导致数据包丢失[65]。另一方面，使用多路径路由通过沿着多个冗余路径发送数据来提高数据可靠性[66]，即使部分传输路径出现故障，数据将通过冗余路径成功传输至目标节点。多路径路由方法用于路径故障恢复，如 Ganesan 等人[67]提出一种新颖的方案，通过构造编织多路径，以实现从故障中节能的恢复，从而通过负载均衡避免网络拥塞，达到高数据可靠性。文献［68、69］的作者提出多条路径上的数据包冗余来实现所需的可靠性，其中无线链路上的能量成本和数据包冲突都会降低可靠性。研究人员已展示低功率无线链路如何随着时间变化显示出显著的信号变化[70]。Anisi 等人[71]提出多路径路由方法通过分配能量消耗来实现负载均衡和防止网络拥塞，而 Niu 等人[72]设计一种反应式路由协议，以便在不可靠的无线网络中提供可靠和节能的数据包传输。虽然多路径路由协议确实可以使得网络能耗平衡和时间延时降低，提高数据传输可靠性，但是相同数据的大量复制可能会导致网络拥塞，浪费网络能量。

3. 图路由协议

ISA100.11a 和 WirelessHART 架构下常常采用图路由协议标准，其流程是数据包通过路由图传输到目的地，路由图中的节点中拥有详细的图形信息，每个节点有一个 ID 号，路由转发通过 ID 进行。节点的邻居也不是单一的，可通过冗余的父节点，选择不少于两条通信路径，保证网络数据传输的可靠性。部分研究是基于不同的通信传输目的，根据链路的可靠性和相互关系，提出了广播图、上行链路图、下行链路图三种通信方式。该方法降低了网络的整体负载，尤其在链路传输成功率较低的情况下保证了数据包传输的成功率和可靠性。常见的图路由算法如下：

文献［73］提出一种路由图的生成算法，首先在广度优先搜索（Breadth First Search，BFS）和单一路由度量的基础上生成最短路径树，然后把网络拓扑和最短路径树相结合为网络中每个节点生成路由子图。后来基于保障工业恶劣环境中数据传输成功率的考虑，文献［74］设计的路由图生成算法考虑引入类似于多路径传输的链路冗余思想，在网络数据传输中源节点到目的节点存在多条传输线路，并保证在数据传输的过程中每个节点都有多个选择的下一跳节点，在链路冗余的基础上提高数据传输的成功率。但是，该算法仅是单一针对传输跳数来设计，而没有考虑网络中的其他影响因素。文献［75，76］根据可靠性和链路相互关系提出了三种通信类型，其中广播是指从骨干路由器到整个网络的方向，上行链路是指从现场设备到主干网路由器（Backbone Router，BBR）的方向，下行链路是指从 BBR 到任何现场设备的方向，以确保在不稳定链路下数据包传输的高成功率。文献［77］的工作重点是优先考虑这些关键节点（Critical Nodes，CNs），可以休眠很多不用工作的节点，可节省能源，延长群组的工业无线传感器网络的全局连接的寿命。文献［78］提出两种不同的路由协议，这些协议具有分布式特点和节能功能，并且能够识别连通性以减轻由能源消耗和贸易关系导致的布线漏洞问题。

4. 移动路由协议

基于移动智能设备的路由也是解决工业无线传感器网络传输失败的有效方法，它的具体思想主要是通过考虑时间、移动节点的位置和更新的路由路径的方法去解决传输失败问题。一些研究者已经深入到移动协作路由的研究。主要有两种方法：①利用传统路由手段，加入移动基础设施，帮助工业传感器节点进行数据传输。②采用群智能移动工业传感器路由算法，即通过遗传算法的 LCF（Local Closest First）[79] 和 GCF（Global Closest First）[80] 在一定程度上提升路由数据的可达性，但在大规模的网络下算法性能消耗较大；有的采用蚁群算法[81]，增强了对能量消耗的考虑。值得注意的是，移动路由设计必须考虑工业场景，因工业场景中具有多种通信协议，其各自的网络拓扑都有所不同，当不同的设备成为移动节点加入到该网络中，该网络拓扑会不断变化。因此，在实施过程中不能确保方法的可靠性、网络能量消耗以及通信开销，但是解决了一些节点空洞问题，扩大了通信覆盖率。

文献［82］针对无线传感器网络中任意节点在任意时间都可以移动的网络情况提出一个新的几何路由协议，该方法可以解决由寻找路径引起的路由空洞问题。文献［83］提出节省能量的拓扑控制协议，该协议以支持能量效率和改进整个网络性能为目标，允许每个传感器在它自己的通信范围内进行局部调节，从而选择一个合适的邻近节点进行通信。文献［84］通过比较邻近节点的颜色有效地选择一个能量感知最强的路径，提出一种基于能耗的颜色理论路由方法。文献［85］针对已有的 GPSR（Greedy Perimeter Stateless Routing）路由协议，改进节点移动会导致数据包转发失败的缺陷，提出将该方法和模糊隶属度结合，使得算法可以适用于移动路由。文献［86］针对固定和移动传感器节点混杂在同一网络设计了一种节能链式集群路由协议，将电池难以充电的静态节点设置到通信骨干网中，以保持网络的基本连接性，而能进行电池充电的移动节点设置为簇头，以延长固定节点的寿命，提高网络能量效率。

2.4 存在问题及研究趋势

近几年，网络运行管理和数据传输可靠性的研究是工业无线传感器网络研究的热点方向。特别是伴随复杂网络研究的兴起和移动智能科技的发展，为提升无线传感器网络抗毁性能提供诸多可以借鉴的宝贵思路。然而，大部分研究虽聚焦于工业无线传感器网络，但所采用的理论模型与真实工业场景差异明显，且缺乏对外部干扰和可靠性提升方法的探索，对于智能信息化工业的发展和进一步研究造成障碍。当前研究中存在主要问题如下：

（1）理论研究过于简化，偏向同质化层面，未对网络拓扑的动态演化进行深入分析。①将工业无线传感器网络假设为同质网络，忽略工业环境中复杂混存的特性，把工业网络元素简化处置，缺乏对造成网络可靠性能下降的节点失效成因的考虑。②工业环境中的温度、湿度、压力等因素均会对网络产生影响，经常引起节点失效和链路不稳定等导致的拓扑变化情况，而当前研究缺乏复杂的工业环境对网络拓扑的影响和演化趋势的分析，使得所得理论成果具有明显的局限性。

（2）缺乏对大规模无线传感器在工业环境下运行状况的实质性研究，对于大型规模网络的扩展和管理也缺乏行之有效的框架模型。随着工业规模的扩大，工业无线传感器网络的规模随之扩展，终端节点个数呈级数增长，对于传感设备节点的管理方面扩展性的忽视也是目前的主要问题。因网络设备的原因，目前学术研究和行业应用中无法摆脱复杂繁琐管理维护的局面，而无线传感器节点失效以及网络级联失效带来的诸多问题需要新型的网络模型和管理方案。

（3）缺乏对工业场景中智能终端设备的思考研究。目前缺乏对移动终端的智能调度和数据传输模型结合的相关研究。例如工业场景下用于物料运输等用途的移动终端越来越智能化，移动智能体参与到无线传感器网络中的倾向越发明显，但是工业场景下"固定—移动"节点协作式网络模型研究较为匮乏。因此，如何将已有静态抗毁性研究中的理论与方法推广至具有动态网络特征的级联失效抗毁性研究，或建立新的理论与方法，是无线传感器网络可靠性研究需要关注的重点。

（4）缺乏对混杂工业无线传感器网络的工作模式和数据传输的路由设计可靠性的研究。在移动设备与无线传感器协作方面的研究中，目前缺乏对工业实际环境的分析考虑，理论研究不完善对工业环境中的实施造成一些影响，导致所得成果难以转化为实际应用。另外，工业无线传感器网络实验平台较少，对于理论研究所得成果常常无从验证。

2.5　本章小结

本章主要针对工业无线传感器网络存在的问题，以研究混杂工业无线传感器网络路由规划及可靠性方法为目的，对与其相关的核心技术的研究现状进行总结。分类介绍工业无线传感器网络体系结构及关键技术框架，对工业无线传感器网络相关协议进行综合性描述和对比分析；从网络拓扑演化和重构入手，对小世界及无标度网络的工业无线传感器网络拓扑演化趋势进行归纳与总结；从网络节点管理的角度，介绍了灵活性和可扩展性较高的方法，并对相关方案与无线传感器网络结合的研究进行分析介绍；针对移动智能体调度，分析了当前的移动节点类型，并对其调度方法进行总结；针对路由传输可靠性方法，分析总结不同类型的路由协议方案；最后，概述当前的工业无线传感器网络数据传输可靠性方法研究方面存在的问题，为后续有针对性地开展混杂网络动态路由及可靠性方法研究奠定了较好的理论基础。

参考文献

[1] 张洁，张俊平，石柯. 基于无线传感器网络的自治制造车间控制 [J]. 中国机械工程，2015，26（2）：204－210.

[2] 王月娇，刘三阳，马钟. 无线传感器网络几类拓扑控制及其抗毁性应用简述 [J]. 工程数学学报，2018（2）：137－154.

[3] Salam H A, Khan B M. IWSN－Standards, Challenges and Future [J]. IEEE Potentials, 2016, 35（2）：9－16.

[4] 董辉，杨录，张艳花. 面向工业现场监测的无线传感器网络结构设计 [J]. 仪表技术

与传感器，2017（2）：86-88.

[5] Al-Yami A，Abu-Al-Saud W，Shahzad F. Simulation of Industrial Wireless Sensor Network（IWSN）protocols［C］. Computer Communications Workshops. IEEE，2016：527-533.

[6] A. V. Medina，J. A. Gomez，J. A. Ribeiro，and E. Dorronzoro. Indoor position system based on a zigbee network［J］. Communications in Computer and Information Science，2013（362）：6-16.

[7] Serizawa Y，Fujiwara R，Yano T，et al. Reliable Wireless Communication Technology of Adaptive Channel Diversity（ACD）Method based on ISA100. 11a Standard［J］. IEEE Transactions on Industrial Electronics，2017（99）.

[8] Li X，Li D，Wan J，et al. A review of industrial wireless networks in the context of Industry 4. 0［J］. Wireless Networks，2017，23（1）：23-41.

[9] Agha K A，Bertin M H，Dang T，et al. Which Wireless Technology for Industrial Wireless Sensor Networks? The Development of OCARI Technology［J］. IEEE Transactions on Industrial Electronics，2009，56（10）：4266-4278.

[10] Jonathan Hui，David Culler，Samita Chakrabarti. 6LoWPAN：Incorporating IEEE 802. 15. 4 into the IP architecture［J］.（IPSO）Alliance，2009（1）.

[11] Centenaro M，Vangelista L，Zanella A，et al. Long-range communications in unlicensed bands：the rising stars in the IoT and smart city scenarios［J］. IEEE Wireless Communications，2015，23（5）：60-67.

[12] Gungor V C，Hancke G P. Industrial Wireless Sensor Networks：Challenges，Design Principles，and Technical Approaches［J］. IEEE Transactions on Industrial Electronics，2009，56（10）：4258-4265.

[13] 朱国巍. 基于节点双通信模式的无线传感网络的可靠数据传输［J］. 仪表技术与传感器，2016（11）：123-126.

[14] 朱晓娟，陆阳，邱述威，等. 无线传感器网络数据传输可靠性研究综述［J］. 计算机科学，2013，40（9）：1-7.

[15] Karrer，B. ；Newman，M. E. J. Competing Epidemics on Complex Networks［J］. Physical Review E. 2011（84）：109-134.

[16] Chen，L. ；Chen，D. ；Li，X. ；Cao，J. Evolution of Wireless Sensor Network［C］. In Proceedings of the IEEE Wireless Communications and Networking Conference，Kowloon，Hong Kong，11-15 March 2007：3003-3007.

[17] Zhu，H. ；Luo，H. ；Peng，H. ；Li，L. ；Luo，Q. Complex Networks-based Energy-efficient Evolution Model for Wireless Sensor Networks［J］. Chaos，

Solitons & Fractals. 2009，41（4）：1828－1835.

［18］Li，S．；Li，L．；Yang，Y. A Local－world Heterogeneous Model of Wireless Sensor Networks with Node and Link Diversity ［J］．Physica A：Statistical Mechanics and its Applications，2011，390（6）：1182－1191.

［19］Jiang，N．；Chen，H．；Xiao，X. A Local World Evolving Model for Energy－constrained Wireless Sensor Networks ［J］．International Journal of Distributed Sensor Networks，2012（6749）：184－195.

［20］何大韧，刘宗华，汪秉宏. 复杂网络研究的一些统计物理学方法及其背景. 力学进展，2008，38（6）：1－10.

［21］Qi，X．；Ma，S．；Zheng，G. Topology Evolution of Wireless Sensor Networks based on Adaptive Free－scale Networks ［J］．Journal of Information and Computational Science. 2011，8（3）：467－475.

［22］Zheng，G．；Liu，S．；Qi，X. Scale－free Topology Evolution for Wireless Sensor Networks with Reconstruction Mechanism ［J］．Computers & Electrical Engineering. 2012，38（3）：643－651.

［23］Chen，L．；Liu，M．；Chen，D．；Xie，L. Topology Evolution of Wireless Sensor Networks among Cluster Heads by Random Walkers ［J］．Chinese Journal of Computers. 2009，32（1）：70－76.

［24］Wang，Y．；Yang，X. A Random Walker Evolution Model of Wireless Sensor Networks and Virus Spreading ［J］．Chinese Physics B，2013，22（1）：154－160.

［25］Helmy，A. Small Worlds in Wireless Networks ［J］．IEEE Communication Letters，2003，7（10）：490－492.

［26］Chitradurga，R．；Helmy，A. Analysis of Wired Short cuts in Wireless Sensor Networks ［C］．In Proceedings of the IEEE/ACS International Conference on Pervasive Services，Beirut，Lebanon，19－23 July 2004：167－177.

［27］Sharma，G．；Mazumdar，R. Hybrid Sensor Networks：A Small World ［C］．In Proceedings of the 6th ACM international symposium on Mobile ad hoc networking and computing，Illinois，USA，25－28 May 2005：366－377.

［28］Shinya T，Daichi K，Masayuki M. Virtual Wireless Sensor Networks：Adaptive Brain－Inspired Configuration for Internet of Things Applications ［J］．Sensors，2016，16（8）.

［29］Hawick，K．；Jame，H. A. Small－world Effects in Wireless Agent Sensor Networks ［J］．International Journal of Wireless and Mobile Computing. 2010，4（3）：155－164.

［30］ Guidoni, D. L.；Mini, R. A. F.；Loureiro, A. A. F. On the Design of Heterogeneous Sensor Networks based on Small World Concepts ［C］. In Proceedings of the 11th ACM International Symposium on Modeling, Analysis and Simulation of Wireless and Mobile Systems, Vancouver, Canada, 27 - 31 October 2008：309 - 314.

［31］ Guidoni D L, Mini R A F, Loureiro A A F. On the design of resilient heterogeneous wireless sensor networks based on small world concepts ［M］. Elsevier North - Holland, Inc. , 2010.

［32］ Hong M. Understanding "software - defined" from an OS perspective：technical challenges and research issues ［J］. Science China (Information Sciences), 2017, 60 (12).

［33］ Q. - Y. Zuo, M. Chen, G. - S. Zhao, C. - Y. Xing, G. - M. Zhang, P. -C. Jiang. Research on Open Flow - Based SDN Technologies ［J］. Journal of Software, 2013, 24 (5)：1078 - 1097.

［34］ D. Kreutz, F. M. V. Ramos, P. E. Verissimo, C. E. Rothenberg, S. Azodolmolky, S. Uhlig. Software - defined networking：A comprehensive survey ［J］. Proceedings of the IEEE, 2014, 103 (1)：14 - 76.

［35］ Foundation O N. Software - Defined Networking：The New Norm for Networks ［R］. ONF White Paper, 2012：1 - 12.

［36］ Mckeown N. Software - defined Networking ［J］. 中国通信：（英文版）, 2009, 11 (2)：1 - 2.

［37］ Y. Wang, H. Chen, X. Wu, L. Shu. An energy - efficient SDN based sleep scheduling algorithm for WSNs ［J］. Journal of Network & Computer Applications, 2016 (59)：39 - 45.

［38］ S. Shanmugapriya and M. Shivakumar. Context based route model for policy based routing in wsn using sdn approach ［R］. iSRASE, 2015.

［39］ W. Ejaz, M. Naeem, M. Basharat, A. Anpalagan, S. Kandeepan. Efficient wireless power transfer in software - defined wireless sensor networks ［J］. IEEE Sensors Journal, 2016, 16 (20)：7409 - 7420.

［40］ W. Xiang, N. Wang, Y. Zhou. An Energy - Efficient Routing Algorithm for Software - Defined Wireless Sensor Networks ［J］. IEEE Sensors Journal, 2016, 16 (20)：7393 - 7400.

［41］ 张勇, 姬生生, 王闯毅. 基于 SDN 架构的 WSN 入侵检测技术 ［J］. 河南大学学报（自然版）, 2015, 45 (2)：211 - 216.

［42］ D. Kreutz, F. M. V. Ramos, P. Esteves Verissimo, C. Esteves Rothenberg, S.

Azodolmolky, and S. Uhlig. Software – defined networking: A comprehensive survey [J]. Proceedings of the IEEE, 2015, 103 (1): 14 – 76.

[43] S. Costanzo, L. Galluccio, G. Morabito and S. Palazzo. Software Defined Wireless Networks: Unbridling SDNs [C]. 2012 European Workshop on Software Defined Networking, Darmstadt, 2012: 1 – 6.

[44] A. D. Gante, M. Aslan, A. Matrawy. Smart wireless sensor network management based on software – defined networking [C]. in Proc. IEEE 27th Biennial Symposium on communications. Ontario, Canada, 2014: 71 – 75.

[45] R. Huang, X. Chu, J. Zhang, and Y. H. Hu. Energy – efficient monitoring in software defined wireless sensor networks using reinforcement learning: A prototype [J]. Int. J. Distrib. Sensor Netw. , 2015, 11 (10): 1 – 13.

[46] L. Galluccio, S. Milardo, G. Morabito and S. Palazzo. SDN – WISE: Design, prototyping and experimentation of a stateful SDN solution for Wireless Sensor networks [C]. 2015 IEEE Conference on Computer Communications (INFOCOM), Kowloon, 2015: 513 – 521.

[47] D. Zeng, T. Miyazaki, S. Guo, T. Tsukahara, J. Kitamichi and T. Hayashi. Evolution of Software – Defined Sensor Networks [C]. 2013 IEEE 9th International Conference on Mobile Ad – hoc and Sensor Networks, Dalian, 2013: 410 – 413.

[48] A. Mahmud and R. Rahmani. Exploitation of openflow in wireless sensor networks [C]. in Proc. of the 2011 International Conference on Computer Science and Network Technology. IEEE, 2011: 594 – 600.

[49] Nielsen I, Dang Q V, Bocewicz G, et al. A methodology for implementation of mobile robot in adaptive manufacturing environments [J]. Journal of Intelligent Manufacturing, 2015 (8): 1 – 18.

[50] Shih C Y, Capitán J, Marrón P J, et al. On the Cooperation between Mobile Robots and Wireless Sensor Networks [M]. Cooperative Robots and Sensor Networks 2014. Springer Berlin Heidelberg, 2014: 67 – 86.

[51] Fu, X. ; Li, W. ; Fortino, G. Empowering the Invulnerability of Wireless Sensor Networks through Super Wires and Super Nodes [C]. In Proceedings of the 13th IEEE/ACM International Symposium on Cluster, Cloud and Grid Computing, Delft, Netherland, 2013: 561 – 568.

[52] Saad W, Han Z, Başar T, et al. Hedonic Coalition Formation for Distributed Task Allocation among Wireless Agents [J]. IEEE Transactions on Mobile Computing, 2010, 10 (9): 1327 – 1344.

［53］ Qadori H Q, Zulkarnain Z A, Hanapi Z M, et al. Multi‐mobile agent itinerary planning algorithms for data gathering in wireless sensor networks: A review paper ［J］. International Journal of Distributed Sensor Networks, 2017, 13 (1).

［54］ Moazzez‐Estanjini R, Wang J, Paschalidis I C. Scheduling Mobile Nodes for Cooperative Data Transport in Sensor Networks ［J］. IEEE/ACM Transactions on Networking, 2013, 21 (21): 974‐989.

［55］ Matsuura I, Schut R, Hirakawa K.. Data MULEs: Modeling a three‐tier architecture for sparse sensor networks ［J］. IEEE Snpa Workshop, 2003, 1 (1): 30‐41.

［56］ Wajgi, D., Thakur, N. V.. Load balancing based approach to improve lifetime of wireless sensor networks ［J］. Int. J. Wirel. Mobile Netw, 2012, 4 (4): 155‐167.

［57］ Wajgi, D., Thakur N. V.. Load balancing algorithms in wireless sensor networks: a servey ［J］. Int. J. Comput. Netw. Wirel. Commun, 2012, 2 (4): 456‐460.

［58］ Arumugam G S, Ponnuchamy T. EE‐LEACH: development of energy‐efficient LEACH Protocol for data gathering in WSN ［J］. Eurasip Journal on Wireless Communications & Networking, 2015 (1): 1‐9.

［59］ Hussain, S., Matin, A. W.. Hierarchical cluster‐based routing in wireless sensor networks ［C］. In: Proceeding of 5th Intenational Conference on Information Processing in Sensor Network, 2006: 1‐2. IPSN06, USA.

［60］ Lee, G., Kong, J., Lee, M., Byeon, O.. A cluster‐based energy‐efficient routing protocol without location information for sensor networks ［J］. Int. J. Inf. Process. Syst. 2005, 1 (1), 49‐54.

［61］ Guo, B., Li, Z.. A dynamic‐clustering reactive routing algorithm for wireless sensor networks ［J］. Wirel. Netw, 2009, 15 (4), 423‐430.

［62］ Manjeswar, A., Agrawal, D. P.. TEEN: A protocol for enhanced efficiency in wireless sensor networks ［C］. In: Proceedings 15th International Parallel and Distributed Processing Symposium. 2001: 2009‐2015. IEEE.

［63］ Bhattacharyya, D., Kim, T., Pal, S.. A comparative study of wireless sensor networks and their routing protocols ［J］. Sensors, 2010, 10 (12): 10506‐10523.

［64］ Maimour M, Zeghilet H, Lepage F. Cluster‐based Routing Protocols for Energy‐Efficiency in Wireless Sensor Networks ［M］. Sustainable Wireless Sensor Networks. InTech, 2010.

［65］ Pooja Sharma, Deepak Tyagi, and Pawan Bhadana. A study on prolong the lifetime of wireless sensor network by congestion avoidance techniques ［J］. International Journal of Engineering and Technology, 2010, 2 (9): 4844‐4849.

［66］ Mueller S，Tsang R P，Ghosal D. Multipath Routing in Mobile Ad Hoc Networks：Issues and Challenges ［J］. Lecture Notes in Computer Science，2004（2965）：209 - 234.

［67］ Hurni P，Braun T. Energy - Efficient Multi - path Routing in Wireless Sensor Networks ［J］. Acm Sigmobile Mobile Computing ＆ Communications Review，2001，5（4）：11 - 25.

［68］ X. Huang，Y. Fang. Mcmp：multi - constrained qos multipath routing in wireless sensor networks ［J］. Wireless Network，2008，14（4）：465 - 478.

［69］ M. Z. Hasan，H. AlRizzo，F. Al - Turjman. A survey on multipath routing protocols for qos assurances in realtime wireless multimedia sensor networks ［J］. IEEE Communications Surveys ＆ Tutorials，2017，19（3）：1424 - 1456.

［70］ N. Baccour，A. Koubaa，L. Mottola，M. A. Zúñiga，H. Youssef，C. A. Boano，M. Alves. Radio link quality estimation in wireless sensor networks：A survey ［J］. Acm Transactions on Sensor Networks，2012，8（4）：1 - 32.

［71］ M. H. Anisi，G. Abdul - Salaam，M. Y. I. Idris，A. W. A. Wahab，I. Ahmedy. Energy harvesting and battery power based routing in wireless sensor networks ［J］. Wireless Network，2017，23（1）：1 - 18.

［72］ J. Niu，L. Cheng，Y. Gu，L. Shu，S. K. Das. R3e：Reliable reactive routing enhancement for wireless sensor networks ［J］. IEEE Transactions on Industrial Informatics，2014，10（1）：784 - 794.

［73］ Teo J Y，Ha Y，Tham C K. Interference - Minimized Multipath Routing with Congestion Control in Wireless Sensor Network for High - Rate Streaming ［J］. IEEE Transactions on Mobile Computing，2008，7（9）：1124 - 1137.

［74］ Han S. ，Zhu X. ，Mok A. K. ，et al. Reliable and real - time comimmication in industrial wireless networks ［C］. Real - Time and Embedded Technology and Applications Symposium（RTAS），2011 17th IEEE，2011：3 - 12.

［75］ J. Zhao，Z. Liang，Y. Zhao. Elhfr：A graph routing in industrial wireless mesh network ［C］. in：IEEE International Conference on Information and Automation（ICIA'09），IEEE，2009：106 - 110.

［76］ J. Zhao，Y. Qin，D. Yang，J. Duan. Reliable graph routing in industrial wireless sensor networks ［J］. International Journal of Distributed Sensor Networks，2013，2013（2）：1 - 15.

［77］ L. Shu，M. Mukherjee，D. Wang，Prolonging global connectivity in group - based industrial wireless sensor networks ［C］. in：IEEE International Conference on

Information Processing in Sensor Networks, IEEE, 2017: 1-1.

[78] R. Mohemed, A. Saleh, M. Abdelrazzak, A. Samra. Energy-effcient routing protocols for solving energy hole problem in wireless sensor networks [J]. Computer Networks, 2017 (114): 51-66.

[79] 屈应照，胡晓辉，宗永胜，等. WSN 中一种基于数据融合的 Mobile Agent 路径规划方法 [J]. 传感技术学报，2016，29（7）：1032-1041.

[80] 谭江. 移动无线传感器网络中多 Agent 的协同控制方法研究 [D]. 扬州：江南大学，2014.

[81] 李昊，戴天虹，高丽娜. 基于改进蚁群算法的 WSN 路由协议的研究 [J]. 控制工程，2017，24（11）：2201-2205.

[82] Choi L, Jung J K, Cho B H, et al. M-Geocast: Robust and Energy-Efficient Geometric Routing for Mobile Sensor Networks [C]. IFIP International Workshop on Software Technologies for Embedded and Ubiquitous Systems. Springer, Berlin, Heidelberg, 2008: 304-316.

[83] Ren Y, Wang B, Zhang S, et al. A Distributed Energy-Efficient Topology Control Routing for Mobile Wireless Sensor Networks [C]. International Ifip-Tc6 Conference on Ad Hoc and Sensor Networks, Wireless Networks, Next Generation Internet. Springer-Verlag, 2007: 132-142.

[84] Chang T J, Wang K, Hsieh Y L. A color-theory-based energy efficient routing algorithm for mobile wireless sensor networks [M]. Elsevier North-Holland, Inc. 2008.

[85] Chang K B, Kim D W, Park G T. Routing Algorithm Using GPSR and Fuzzy Membership for Wireless Sensor Networks [J]. Lecture Notes in Computer Science, 2006 (4113): 1314-1319.

[86] Ying, T., Yang, O. A novel chain-cluster based routing protocol for mobile wireless sensor networks [C]. In: 6th International Conference on Wireless Communications Networking and Mobile Computing (WiCOM), 2010: 1-4.

第3章 工业无线传感器网络的拓扑演化及可靠性分析

3.1 引言

工业无线传感器网络通常具有固定节点和移动节点共存、多种无线通信模式共存、局域和互联通信共存、不同网络结构共存的混杂网络特点，用于工业环境生产区域的全面覆盖，对工业生产设备运行数据、生产环境指数、智能设备运行参数等达到实时监控的目的[1,2]。因此，需要工业无线传感器必须在一定的范围内精确地进行感知、监测并智能采集工业生产中的各类信息，然后通过相应的管理机制进行干预处理。但是，工业传感器网络常常因能量耗尽、环境干扰失效等各种故障引发终端节点失效，有时受到攻击而引发网络大面积无法正常工作的情况[3,4]。另外，移动智能设备作为传感节点以动态自组织形式加入工业传感器网络，其位置随着工作时间和生产任务调度而不断发生变化，产生新的非线性混杂网络行为，增大了无线传感器网络拓扑的不确定性。由于混杂工业传感器网络的复杂结构和动态性行为呈现出复杂网络的特征，因此本章借助于复杂网络理论去研究混杂工业无线传感网络的拓扑演化与重构，目的在于提高网络能量平衡和能量消耗效率，构建可靠的基础网络拓扑，为工业中的数据传输提供有力保障。

自20世纪以来，复杂网络已成为万维网及社交网络等多学科领域的重要分析工具和研究手段[5,6]。其复杂网络中的无标度网络和小世界理论为无线传感器网络研究提供了一种新的灵感，如无标度的特征增强网络的可靠性；小世界的特征可以缩短网络中数据传输的路径，可用来建立一个高度容错的无线传感器网络拓扑结构[7]。但是仅使用它们中的任意一个并不可以使网络演化获得更满意的效果，针对此问题，本章结合两者的优点提出基于无标度和小世界的网络拓扑演化模型。该模型适应于真实的工业场景中，并呈现出分簇的网络结构；加入节点的优先连接概率取决于网络中已有簇头节点的剩余能量值与连接度，减少能量消耗，有助于延长网络寿命；引入饱和度约束，对节点度大小进行限制，为解决因节点度过大而导致的能量过早耗尽难题提供思路。在所生成无标度拓扑基础上，引入长程连接构造小世界网络，并基于有向介数网络结构熵给出长程连接布局策略，进一步改善网络能耗效率，解决能量空洞问题，提升网络可工作时长。

3.2　工业无线传感器网络模型

3.2.1　传感器节点分类

由于工业无线传感器网络规模较大，传感器节点分布常具有区域性并具有数据传输周期特性，常常采用簇结构的网络模型[8]。基于此对无线传感器网络节点分类如下：

1. 成员节点

成员节点是指具有环境感知和数据采集能力的节点，也称为传感节点或终端节点，通常安装在工业环境中的各类生产要素内。例如，工业环境的各类温湿度传感器、生产制造设备上的红外和重力传感器、生产原料上的终端识别码、物流运输设备上的传感器和定位装置、人为携带的移动智能设备等。总的来说，成员节点既包括固定节点又包括移动节点。

2. 簇头节点

簇头节点负责管理无线传感器网络簇内的成员节点，通过收集簇内成员节点的采集数据以单跳或多跳传输方式转发给汇聚节点，在多跳传输方式中也可作为中继节点。

3. 汇聚节点

汇聚节点主要负责收集全网的环境数据，通过网关节点与无线网络、有线网络、互联网等其他网络相连接，把采集的数据传输到相应的应用服务器进行自动化分析或人工管理。

3.2.2　网络模型说明

工业无线传感器网络拥有复杂网络的特性，但因为与工业生产和管理密切相关，所以网络模型的演化又具备显著的工业特性。①网络拓扑形态与设备设施、区域位置、作业任务、作业序列、生产对象及生产要素相关，具体包括生产制造设备、生产管理区域、生产工序、人和移动智能设备、生产原料等。工业环境的区域划分和传感器节点分布存在区域性或局部特性，传感器节点的多跳传输方式常使节点和邻居节点形成一种簇或局部的区域特性。②现代工业生产的柔性化和智能生产组织的需求，会要求网络具有良好的动态适应性。特别是在工业厂房数量和面积急剧增大时，现有的传感器节点可能不足以支撑整个厂房的生产及环境监测，需要增添一些新的节点，甚至是充当移动节点角色的移动智能设备到现有的无线传感器网络中，会出现因内部各种传感节点和链路增加而发生的演化行为。③在工业无线传感器网络中，度数高的节点总是需要将大部分数据流传递给基站，这些节点的能量将会迅速耗尽，从而威胁到整个网络的正常运行[8]。复杂或恶劣的外部环境以及外部攻击常常导致传感器节点失效和链路传输中断等问题，因此也存在节点和链路减少的演化行为。

因此，工业无线传感器网络必然是一种多维度的动态混杂网络结构，网络拓扑组合与演化机理的研究是构建具有可靠性工业无线传感器网络环境的基础。为掌握工业无线传感器网络的复杂特性，需要针对实际的工业生产制造环境设计出精准的网络演化模型。本章提出一种具有小世界特征的无标度工业无线传感器网络演化模型，这种模型所产生的拓扑结构具有较高的容错能力，也可以保证网络性能的平衡和能耗。在此模型下，为了充分分析其长程连接的提升效果，针对真实的工业失效情形，设计四种长程连接配置方案去验证其表现效果。

3.2.3　网络模型假设条件

由于无线传感器网络对能量异常敏感，如何延长网络的寿命一直是无线传感器网络研究的重点。为了达到这个目的，在大多数情况下，分簇结

构被引入到该网络中,用多跳的方式去保证有效的数据传输[9]。因此,在该网络模型中设置以下的假设条件:

(1) 设定新加入传感节点在选择连接对象时受到现有节点的连通度和剩余能量的影响。换句话说,如果某簇头有更多的连接和能量,它将更有可能与新的入站节点建立长程连接。

(2) 为避免能量的过度消耗,设定单个簇头可以拥有的连接数量的上限。这个度数限制称为度数饱和度,即:$k\max$。

(3) 在每个时间段,现有的网络拓扑具有至少一个链路。

(4) 在无线传感器网络中,每个传感器节点的能量消耗的方式不同。但是在这里,假设在演化过程中,节点的剩余能量是固定值。并且由于节点传输半径的限制,网络中的每个传感器节点只能与其传输范围内的节点进行通信。

表 3-1 中列出了无线传感器网络的一些重要参数。

表 3-1 网络参数定义

模型参数	定义
m_0	初始网络的节点个数
e_0	初始网络的边个数
$N(t)$	在 t 时刻簇头的个数
k_i	节点 i 的度数
$k_{i,t}$	节点 i 在 t 时刻的度数
$k_{\max}$	一个簇头节点的最大度数
$<k(t)>$	簇头节点的平均度数
p	簇头节点在网络中占的比例
q	反择优删除率
E_i	节点 i 的能量值
$P_s(i)$	新节点连接节点 i 的概率
$P_a(i)$	节点 i 新加入的链路概率
$\overline{E}$	网络中节点的平均能量
$E_{\max}$	节点的最大能量

（续）

模型参数	定义
$\rho(E)$	在 $[0, E_{max}]$ 中节点剩余能量的概率密度
w_i	簇头 i 的链路数量
N	网络规模

3.2.4 网络模型设计

基于上述的网络模型假设条件以及相关参数，设计基于无标度和小世界网络的拓扑演化模型。具体的过程如下：

（1）初始化。从给定的 m_0 个簇头和 e_0 个边开始。初始化的网络包括一个汇聚节点/基站。为了确保不存在孤立的节点，每个簇内节点至少具有一条有效链路连向汇聚节点。

（2）择优增长连接。在每一个时间步，一个新的簇头节点和常规节点的一条边进入现有网络的概率分别是 P 和 $1-P$。少量的簇头会连接很多常规节点，从而造成网络负载和耗能过快，而大量簇头会浪费网络资源，增加硬件成本，因此，将 P 设定在 $0.1\sim0.5$ 之间。为了方便起见，将新来的节点表示为节点 j，它的能量为 E_j 并服从特定概率分布。当节点 j 进入网络时，它只会从现有的网络拓扑中选择一个簇头与之建立连接，则节点 j 链接到簇头 i 的概率 $P_s(i)$ 为：

$$P_s(i) = \left(1 - \frac{k_i}{k_{max}}\right)\frac{E_i k_i}{\sum_{j=1}^{N(t)} E_j k_j} \tag{3-1}$$

其中，$N(t)$ 是时刻 t 内网络中簇头总和。很容易发现，E_i 和 k_i 越大，其簇头就越有可能连接新的节点。但是，如果簇头 i 的度数（连接数）达到阈值 k_{max}，则 $1-k_i/k_{max}$ 变为零，从而 $P_s(i)$ 也等于零。通过这种机制，可以保证簇头在高的度数和能量充足的情况下，更有可能连接新的节点，而它们的能耗速度也可以控制在合理的范围。

（3）增加长程连接。在每个时间步内，以概率 q 向当前网络添加 1 条长程连接。为了准确评估长程连接对网络性能的提升效果，给出四种长程连接的布局方案。

随机选簇头方案 RC（Random Cluster）：在当前网络中依照随机概率 $P_a(i)$ 选择两个簇头节点建立长程连接。若选择长程连接起点与终点间已存在直接链路，则重新选择起点与端点，直至所建立长程连接与网络现有链路不发生重叠。

$$P_a(i) = \frac{1}{N(t)} \qquad (3-2)$$

决策性选簇头方案 SC（Schemed Cluster）：根据其节点连通度和剩余能量来选择两个簇头去建立长程连接。如果某簇头拥有更多的能量和度数，则有更多的优先选择作为长程连接的终点。SC 方案的具体步骤如下：根据概率 $P_a(i)$ 从当前网络中选择一个簇首节点 i 作为该长程连接的起点；再根据概率 $P_a(i)$ 从网络中剩余的簇头中选择长程连接的终点。

$$P_a(i) = \frac{\dfrac{E_i k_i}{w_i}}{\displaystyle\sum_{j=1}^{N(t)} \dfrac{E_j k_j}{w_j}} \qquad (3-3)$$

其中，$N(t)$ 和 w_i 分别代表簇头的总数和簇头 i 的长程连接数量。为避免某些簇头会集中太多的长程连接，假设簇头当前连接的长程连接越多，其获得下一个长程连接的概率就越小。因此，在这里将 w_i 引入 $P_a(i)$ 来实现这一点。

按照 Sink 节点来随机分配簇方案 RCS（Randon Cluster towards Sink）：在当前网络中，依照式（3-2）随机选择 1 个簇头节点直接与 Sink 节点建立长程连接。若所选择长程连接起点与 Sink 节点间已存在直接链路，则重新选择起点，直至所建立长程连接与网络中现有链路不发生重叠。

根据 Sink 节点通过规则来分配簇方案 SCS（Schemed Cluster toward Sink）：在当前网络中优先选择度数与剩余能量较高的簇头节点作为长程连接起点直接与 Sink 节点相连。具体实施步骤为依照择优概率 $P_a(i)$ 选择网络中已存在簇头节点作为长程连接起点。若所选择长程连接起点与 Sink 节点间已存在直接链路，则重新选择起点，直至所建立长程连接与网络现有链路不发生重叠。

$$P_a(i) = \frac{E_i k_i}{\sum_{j=1}^{N(t)} E_j k_j} \qquad (3-4)$$

方案运行过程如图 3-1 所示。具体的演化过程见算法 1，该算法的复杂度为 $O(n^2)$。

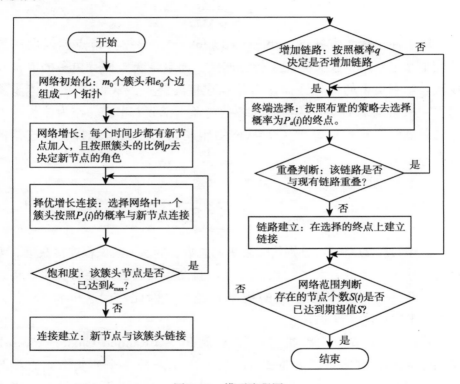

图 3-1 模型流程图

算法 1 基于无标度和小世界网络的拓扑演化模型描述

输入：簇头比例 p，网络规模 N，初始节点数量 m_0 和初始链路数量 e_0；

输出：演化后的拓扑 G

Begin

1：生成节点数量 m_0 与链路数量 e_0 的初始连通网络 G_{init}；

2：for $i=1$ To N；

3：   依照簇头比例 p 确定新节点 $U(i)$ 的角色；

4：   for $j=1$ to N；

（续）

5：　　　if 簇头 CH （j）＝＝最优 ＆ CH （j）的度！＝k_{max}；

6：　　　　依照式（3-1）选择簇头节点与该节点建立连接；

7：　　　else；

8：　　　　Continue；

9：　　　end if；

10：　　end for；

11：　　for x＝1 to N；

12：　　　if 增加长程连接的概率＝q；

13：　　　　按布局的策略选择概率为 P_a （x）的终点；

14：　　　　　if 链路不重叠；

15：　　　　　　建立与该终点连接；

16：　　　　　else；

17：　　　　　　Continue；

18：　　　　　end if；

19：　　　end if；

20：　　　if S （t）＝＝S；

21：　　　　　break；

22：　　　　else；

23：　　　　　Continue；

24：　　　end if；

25：　　　end for；

26：　　end for

End

3.2.5　案例分析

图 3-2 描述了该模型生成的四种长程连接添加方案。生成的拓扑由 100 个传感器节点组成，汇聚节点默认位于该区域的中心，仿真面积为 100m×100m，传感器节点的传输半径为 20m。增加链路的概率 q 为 0.1 时的网络拓扑，其 Sink 节点位于区域中心，簇头比例 p＝0.2，饱和度 k_{max}＝20。通过参考文献 ［10］ 中的能量配置，此模型中节点的剩余能量

服从正态分布 $N(2，1)$。生成的网络的平均度数＝1.8。网络分布呈现无标度的有形特征：大部分节点（无论是簇首还是常规节点）度为1，并且只有少数簇头（小于3）达到饱和度 $k_{\max}=20$。很容易发现，基于四种方案的链路部署显示出明显的差异。

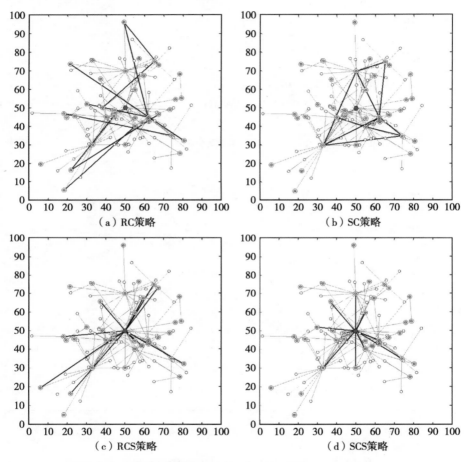

（a）RC策略　　　　　　　　　　（b）SC策略

（c）RCS策略　　　　　　　　　　（d）SCS策略

图 3-2　按照四种增加链路策略的无标度无线传感器网络拓扑

在图 3-2（a）中，通过添加基于 RC 方案的长程连接，其链路体现出随机分布的特点。大多数链路会选择度为1的"边缘"节点。显然，由于拓扑中的大部分节点都是边缘节点，这些节点随机选择的概率要高得多。

而图 3-2 (b) 根据 SC 方案，链路通常会放置在度大的簇头节点处，可明显发现该链路组成一个"环"。这个现象可以从两个方面来解释：

（1）在 SC 方案中，根据度和剩余能量来选择链路的端点，这决定了即使中心节点的新链路的吸引力会随着它们已经拥有的链路数量的增加而减弱，仍比边缘节点更有可能获得新的链路。

（2）由于"避免过度集中"的机制，一个中心的簇头不允许有太多的链路，中心簇头节点获得新的链路的几率趋于平均。

图 3-2 (c) 描述 RCS 方案生成的网络拓扑。由于链路的起始点是随机选择的，因此大多数链路都是在边缘簇头节点和汇聚节点之间建立的。

与 RCS 方案相比，图 3-3 (d) 中的 SCS 方案中链路的起点始终是中心节点。这是因为本方案中起点的选择是根据剩余能量和现有簇头所具有的连接数量来进行的。

3.3　基于复杂网络的理论分析

目前对 B-A 无标度网络模型的度分布理论的研究方法主要包括平均理论[11]、主方程法[12]和速率方程法[13]。本节采用平均场理论计算网络度分布，并通过分析来验证上述的模型是否具有 B-A 特征。度分布 $P(k)$ 是随机选择的节点有 k 个连接（或邻居）的概率，也可以定义为网络中度数为 k 的节点的比例。由于它是描述网络结构特征的最重要属性，本节将对该模型中网络的度分布 $P(k)$ 进行理论分析。通过参考 B-A 模型的推导过程，去证明该模型具有无标度特性。

RC 和 RCS 方案采用的是随机选择簇头的方法，所以定义长程连接选择概率 $P_a(i)$ 为：

$$P_a(i) = \frac{1}{N(t)} \qquad (3-5)$$

假设 $k_{i,t}$ 是 t 时刻簇头 i 的度数。在步骤（2）中，根据优先连接概率 $P_s(i)$ 将新节点连接到簇头节点 i，并且在步骤（3）中，根据概率 $P_a(i)$ 去选择作为长程连接的终点的簇头节点。在 RC 和 SC 方案中，$k_{i,t}$ 的增长率可以描述为公式（3-6），而在方案 RCS 和 SCS 中，$k_{i,t}$ 的增长率可以描述为公式（3-7）。

$$\frac{\partial k_{i,t}}{\partial t} = pP_s(i) + qP_a(i) \qquad (3-6)$$

$$\frac{\partial k_{i,t}}{\partial t} = pP_s(i) + 2qP_a(i) \qquad (3-7)$$

在公式（3-6）和（3-7）中，第一项代表簇头节点 i 连接到新节点的概率，第二项代表着簇头 i 是长程连接端点的概率。在 RC 和 SC 方案中，在两个选定的簇头之间建立链路，当新的长程连接进入网络时，簇头 i 可以被双重选择。相比之下，对于 RCS 和 SCS 方案来说，在选择的簇头和汇聚节点之间的长程连接时，簇头 i 只能被选择一次。因此，公式（3-7）中簇头 i 是新长程连接的一个端点的概率是公式（3-6）中概率的 2 倍。在这里，只分析 RC 方案中模型的度分布。则公式（3-7）可以改为：

$$\frac{\partial k_{i,t}}{\partial t} = pP_s(i) + 2qP_a(i) = \left(1 - \frac{k_{i,t}}{k_{\max}}\right) \frac{E_i k_{i,t}}{\sum\limits_{j=1}^{N(t)} E_j k_{j,t}} + \frac{2q}{N(t)}$$

$$(3-8)$$

在该模型上，大多数的簇头节点的度数 $k_{i,t}$ 是小于度的阈值 $k_{\max}$，因此可得：

$$1 - k_{i,t}/k_{\sqrt{\max}} \approx 1 \qquad (3-9)$$

由于该模型生成的网络拓扑结构主要应用于需要大规模部署无线传感器节点的工业场景，所以可以合理地假设，在经历一个长期演化过程后，传感器节点的数量已经达到足够大的规模。因此，可以得到以下结果：

$$N(t) = m_0 + pt \approx pt \qquad (3-10)$$

$$\sum_{j=1}^{N(t)} E_j k_{j,t} = N(t) < k(t) > \overline{E} \approx pt < k(t) > \overline{E} \sum_{j=1}^{N(t)} E_j k_{j,t}$$

$$(3-11)$$

其中，t 是时间周期，$<k(t)>$ 是在 t 时刻的平均度数，$\overline{E}$ 是该网络中节点剩余能量的均值。把公式（3-9）到（3-11）加入到（3-8）中，公式可变为：

$$\frac{\partial k_{i,t}}{\partial t}=\frac{E_i k_{i,t}}{t<k(t)>\overline{E}}+\frac{2q}{pt} \qquad (3-12)$$

按照 Sarshar[14] 的方法，网络中边的总数由公式（3-13）动态获得：

$$\frac{\mathrm{d}E(t)}{\mathrm{d}t}=1+2q \qquad (3-13)$$

假设 $S(t)$ 是 t 时刻的网络总度数，则：

$$E(t)=S(t)/2 \qquad (3-14)$$

合并公式（3-13）和（3-14）可得：

$$\frac{\mathrm{d}S(t)}{\mathrm{d}t}=2(1+2q) \qquad (3-15)$$

则可知 $S(t)$：

$$S(t)=2(1+2q)t \qquad (3-16)$$

考虑网络的长期演化，可得：

$$<k(t)>=\frac{S(t)}{N(t)}=\frac{2(1+2q)t}{pt}=\frac{2(1+2q)}{p} \qquad (3-17)$$

合并公式（3-17）和（3-12），可得：

$$\frac{\partial k_{i,t}}{\partial t}=\frac{E_i k_{i,t} p}{2(1+2q)\overline{E}t}+\frac{2q}{pt} \qquad (3-18)$$

假设 $A=2q/p$，公式（3-18）可变为：

$$\frac{\partial k_{i,t}}{\partial t}=\frac{E_i k_{i,t}}{(2/p+2A)\overline{E}t}+\frac{A}{t} \qquad (3-19)$$

通过等价变换，公式（3-19）可变为：

$$\frac{\partial k_{i,t}}{\dfrac{E_i k_{i,t} p}{(2+2Ap)\overline{E}}+A}=\frac{\partial t}{t} \qquad (3-20)$$

通过网络的生成规则可知每个簇头 i 具有初始度 $k_{i,t}=1+2q$，则公式（3-20）可变为：

$$k_{i,t}=\left(1+2q+\frac{A}{Q}\right)\left(\frac{t}{t_i}\right)^Q-\frac{A}{Q} \qquad (3-21)$$

其中：

$$Q=\frac{E_i p}{(2+2Ap)\overline{E}} \qquad (3-22)$$

因此，可得 $P(k_{i,t}<k)$：

$$P(k_{i,t}<k)=P\left\{t_i>t\left[\frac{k+\dfrac{A}{Q}}{1+2q+\dfrac{A}{Q}}\right]^{-\frac{1}{q}}\right\}=1-P\left\{t_i\leq t\left(\frac{k+A/Q}{1+2q+A/Q}\right)^{-\frac{1}{Q}}\right\}$$

$$(3-23)$$

一般情况下，假设传感器节点以一定时间间隔被添加到该网络中，所以 t_i 具有相等的概率密度 $P(t_i)$，即：

$$P(t_i)=\frac{1}{m_0+t} \qquad (3-24)$$

则节点 i 的度分布变为：

$$P(k_{i,t}<k)=1-\frac{t}{m_0+t}\left(\frac{k+A/Q}{1+2q+A/Q}\right)^{-\frac{1}{Q}} \qquad (3-25)$$

考虑节点的能量 E_i，则网络的度分布 $P(k)$ 可得：

$$P(k)=\frac{\partial P(k_{i,t}<k)}{\partial k}=\frac{(k+A/Q)^{-\frac{1}{Q}-1}}{Q(1+2q+A/Q)^{-\frac{1}{Q}}} \qquad (3-26)$$

考虑网络能量的敏感度，把 $A=2q/p$ 和公式（3-22）带入公式（3-26）中，则网络度分布 $P(k)$ 变为：

$$P(k)=\int_0^{E_{max}}\frac{(k+A/Q)^{-1/Q-1}}{Q(1+2q+A/Q)^{-1/Q}}\rho(E)\mathrm{d}E\propto\int_0^{E_{max}}\frac{k^{-\gamma}}{Q(1+2q+A/Q)^{-1/Q}}\rho(E)\mathrm{d}E$$

$$(3-27)$$

其中，$\rho(E)$ 是区间 $[0,E_{max}]$ 中能量 E_i 的概率密度。E_{max} 是传感器节点具有的最大能量值。很明显，该模型的网络度分布 $P(k)$ 符合幂律分布 $P(k)\sim k^{-\gamma}$ 且幂律指数 $\gamma=1+1/Q$。具体 $P(k)$ 的值与 $\rho(E)$ 相关，簇头节点的比例 p 和链路 q 的概率密切相关，而与工业无线传感器网络规模无关。

3.4 仿真结果

本节通过基于 Matlab 的仿真，从以下四个方面对模型的网络性能进行进一步分析：

（1）通过分析网络平均路径和聚类系数，确定模型的小世界特征；

（2）通过分析网络度分布来验证此模型的无标度特征；

（3）从能耗角度分析此模型的网络性能；

（4）从容错率和容侵率的角度去估计此模型的网络可靠性能。

为了准确评估模型的统计特性和网络性能，网络规模应合理地扩展。具体仿真参数如下：仿真面积 200m×200m；传感器节点的传输半径为 20m；最终演化后的节点总数 $S=400$；簇头的比例为 $p=0.3$；初始网络包括 $m_0=10$ 个簇头和 $e_0=20$ 个边，每个簇头可以保持至少一个到汇聚节点的有效路径；汇聚节点位于模拟地形的入口处；度的饱和度 $k_{max}=50$，节点的初始能量服从正态分布 N（2，1）。与大多数现实场景类似，合理地假设汇聚节点在仿真过程中没有能量约束。在估计网络的聚类系数、度分布和平均值时，忽略汇聚节点的影响。根据数理统计分析，当置信区间为 95％、误差值为 5％时，样本量小于 50。因此，本章的所有实验数值是经过 50 次独立模拟得到的平均值。

3.4.1　小世界网络特征分析

如前所述，小世界网络最明显的特征是平均路径长度小、聚类系数大。因此，本节选择平均路径长度和聚类系数作为衡量标准，以验证该模型生成的网络拓扑是否具有小世界特性。但值得注意的是，在一般的复杂网络中，平均路径是指源节点沿着最短路径达到终结点的平均步数，但是对于无线传感器网络来说，由于数据传输是定向的，意味着所有收集到的数据都收敛在汇聚节点处，平均路径长度的一般定义不适用于无线传感器网络。因此，将无线传感器网络中的平均路径长度重新定义为沿着从每个传感器节点到汇聚节点的最短路径的平均步数。

图 3-3 给出了不同长程连接策略下的平均路径 $L(q)/L(0)$ 和聚类系数 $C(q)/C(0)$ 的性能曲线。$L(0)$ 和 $C(0)$ 分别表示不添加长程连接（$q=0$）的初始网络的平均路径长度和聚类系数。$L(q)$ 和 $C(q)$ 分别表示平均路径长度和根据概率 q 加入链路的聚类系数。很容易发现，在 4 种方案下，此模型的平均路径长度比网络聚类系数下降得快。因此，从曲线上不难观察到，在该模型中，无论采用任何的链路配置方案，在大的聚类系数下其

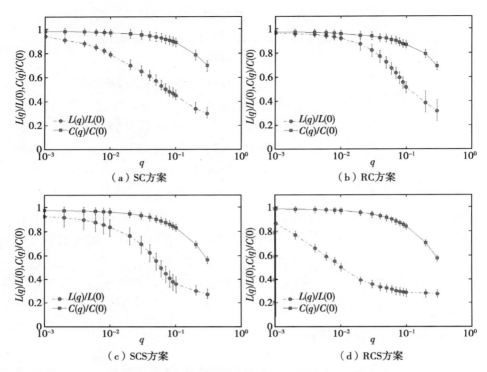

图 3-3　基于四种方案的平均路径长度和聚类系数分析

网络的平均路径长度都保持较小，符合小世界特征。从任何角度来看，这个特性使得此模型生成的拓扑结构可以具有良好的连通性。但是四个方案仍然存在显著差异。对于 SCS 方案，建立中心簇头和汇聚节点之间的链路方式可以在网络演化初期迅速降低网络的平均路径长度，从而保证传感器节点到汇聚节点的跳数显著减少。另外，链路 $q_t=0.06$ 时提升效果存在上限。当 $q \geqslant q_t$ 时，增加更多长程连接提升的效果往往不那么明显。此时，网络 $L(q \geqslant q_t)$ 的平均路径长度仅为初始平均路径长度 $L(0)$ 的 20% 左右。显而易见，q_t 越低，网络所需的链路越少。因此，以下实验以 $q=0.01$ 和 $q=0.1$ 为例进行比较。

事实上，理论数据跟实际数据存在着一定的偏差，对此本节完成理论度分布和实际度分布的实验，如图 3-4 所示。不难发现与其他三种方案相比，方案 SCS 具有最低的 q_t，这意味着在方案 SCS 中需要最少的长程连接。而随着网络规模的扩大，q_t 会越来越大，其链路比例会越来越高。

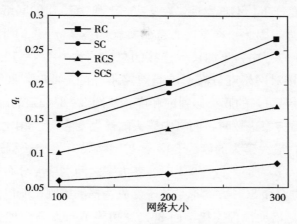

图 3-4　理论 q_t 和实际的比较

3.4.2　无标度网络特征分析

在图 3-5 中，将仿真结果与理论分析结果进行比较。根据此仿真的参数设置，可知公式（3-26）中的 $P(k)=0.47k^{-2.7}$。从图 3-5 中，可以很容易地发现两条曲线的总趋势是接近的。假设网络规模足够大，通过实验可知两个结果之间存在偏差。但是随着网络规模的扩大，这种差异将会减小。

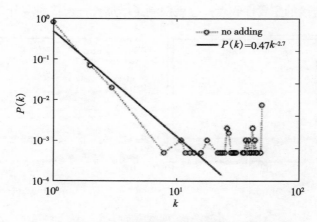

图 3-5　理论度分布和实际的比较

图 3-6 描述半对数坐标系下，具有长程连接增加概率 $q=0.01$ 和 $q=0.1$ 的网络的度分布。不难发现，在 $q=0.01$ 和 $q=0.1$ 的网络的度分布与幂律分布非常接近，因此，本章内所有的实验都是在 $q=0.01$ 和 $q=0.1$ 中比较。在图 3-6（a）中，添加长程连接的总数约为 $q \times N = 10$。依据不同策略添加长程连接对网络度分布影响是忽略不计的。此时，86% 的传感器节点的度为 1，小于 1% 的簇头达到饱和度。从图 3-6（a）的附图可以看出，当按 SC 和 SCS 方案进行时，网络中簇头的最大度为 51。相比之下，对于方案 RC 和 RCS，最大簇头的度为 50，这与网络没有增加长程连接的方式一致。如图 3-6（b）所示，$q=0.1$ 时，各方案之间网络度分布的差异更为明显。由于 SC 方案和 SCS 方案都是基于优先选择的原则，所以能量和度大的簇头节点更容易增加长程连接，而 86% "边缘节点" 与添加长程连接的概率 q＝0.01 的网络的度数相同（即度数为 1）。但对于 RC 和 RCS 方案，网络中边缘节点的比例明显下降，分别为 76% 和 74%。从图 3-6（b）的附图中可以看出，与添加长程连接概率 $q=0.01$ 的网络相比，方案 SC 和 SCS 中簇头的最大度可以增加到 60，中心簇头也有显著增长（簇头的度数大于10）。总体而言，RC 和 RCS 方案对网络度分布的影响比 SC 方案和 SCS 方案更为明显。这是因为在 RC 和 RCS 方案中，边缘节点获取连接的概率随着长程连接概率 q 的增加而增加，这使得它们的度分布对长程连接概率 q 的变化更为敏感。相反，在 SC 和 SCS 方案中，不管 q 的长程连接概率大小，其中心簇头总是新链接的主要接收者，这就限制了增加长程连接对度分布的影响。

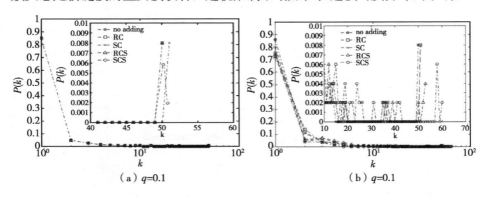

（a）$q=0.1$　　　　　　　　　（b）$q=0.1$

图 3-6　网络的度分布

3.4.3　能量消耗分析

参照无线通信的一阶无线电能耗模型[15]，此模型的能耗模拟设置如下：

（1）考虑到初始能量，单位是焦耳（J）。

（2）消息可以在簇头或常规传感器节点中随机生成，为每个时间步长 $P_M=0.05$ 的消息生成率。消息大小为 128 字节，每个字节的发送和接收能耗相同，均为 $E_{s/r}=1\times10^{-4}$ J。因此，单位消息发送和接收的能耗等于 0.128J。

（3）在每个时间步，一个传感器节点的能耗监测 $E_w=0.032$ J。

（4）消息生成时，将通过 Dijkstra 最短路径发送到汇聚节点。如果存在多条最短路径，只选择其中一条作为传输路径。

（5）如果传感器节点的能量用完或传感器节点和 Sink 节点之间没有有效的长程连接，则认为它处于"失败"状态，这种状态是不可逆的。对于故障传感器节点，可以相当于"从现有网络拓扑中删除"。

根据以上条件，得出实验结果如图 3-7 所示。图 3-7 为能量消耗的网络性能，其中添加长程连接概率分别为 $q=0.01$ 和 $q=0.1$。依照各种方案在网络中添加长程连接均能在一定程度上改善网络能耗的性能。如图 3-7（a）所示，当 $q=0.01$ 时，方案 SCS 表现最好。当网络进入第 50 个时间步时，大约 80% 的传感器节点仍然可以正常运行。相反，对于不添加长程连接的网络，只有不到 20% 的传感器网络有足够的能量来维持工作。因此，可以认为整个网络处于瘫痪状态。通过与图 3-3 的对比分析可以看出，能耗与平均路径长度密切相关。显然，在 SCS 方案中，中心簇头和汇聚节点之间建立长程连接，使得消息传递的跳数迅速下降，从而提高整个网络的剩余能量。相比之下，RC 方案中的长程连接随机部署在簇头之间，平均路径长度的下降并不明显，这使得添加长程连接对节能的提升效应有限。值得注意的是，尽管在 RCS 添加长程连接的方式中，在簇头和汇聚节点之间随机部署，但基于优先选择仍然优于 SC 方案。这是因为通过在簇头和汇聚节点之间建立长程连接方式，其处于终点的簇头能够直接将消息传递到汇聚结点，而不经过其他中继节点，可以减少簇头周围的通信负载。具体来说，由于消息会集中到中继节点，那么越靠近汇聚节点的节点消耗能量比其他节点快得多，通常把这个现象定义为"能量空洞"效应[13]。而 RCS 方案是通过建立传感器节点和汇聚节点之间的直接长程连接来显著解决这种能量空洞效应的影响。对于 SC 方案，尽管从传感器节点到汇聚节点的距离明显减小，能量负载的分布更加平衡，但大部分消息仍然需要经过聚会节点附近的簇头，这些节点的总体负载不会降低。如图 3-7（b）所示，随着概率 q 的增加，能源消耗进一步提高，总体趋势没有改变。与其他三种配置方案相比，方案 SCS 的优势更为明显，也解决了由拓扑度分布造成的能量空洞问题。

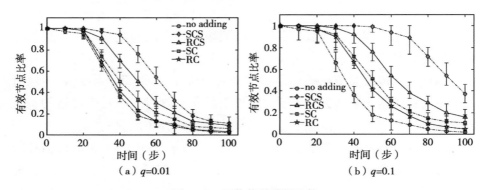

（a）q=0.01   （b）q=0.1

图 3-7　网络能量消耗比较

3.4.4　网络可靠性分析

无线传感器网络的可靠性衡量是指网络在不确定环境下提供可持续稳定服务的能力。根据故障模型的不同，本节将网络拓扑演化的可靠性能考核分为容错和容侵性能[16]。容错性意味着网络对抗随机损害的不可侵害性。在无线传感器网络的实际应用中，存在无处不在的破坏情况，即硬件或软件故障，以及由自然灾害（如暴雨、地震）引起的节点/链路故障是随机损坏最常见的情况。一般情况下，选择随机攻击下网络拓扑的可用性作为衡量网络容错性能的指标。容侵性意味着网络不受损害。与随机破坏相比，有意图的破坏意味着攻击者将根据网络中节点的重要程度来破坏传感器节点。显然，节点越重要，其攻击的概率就越高。在大多数应用场景中，黑客入侵或恶意破坏是最常见的有意图的破坏形式。由于在此模型中度是决定传感器节点获得新链接的最重要因素，因此仍然选择度作为指标来确定网络中节点的重要性水平。对于容侵性来讲，选择最大度攻击下网络拓扑的可用度作为衡量网络容侵性能的指标。参考文献 [17]，此模型使用可用节点的比例表示网络拓扑的可用性。在网络遭受破坏之后，如果传感器节点仍然能够维持至少一个到达汇聚节点的有效链路，可以认为该节点仍在工作。

为此，本节将从容错性能和容侵性能两方面去分析网络拓扑的可靠性。

（1）网络容错性能分析

图 3-8 描述分别随机删除 10％、20％到 50％的节点个数，其添加长程连接概率为 $q=0.01$ 和 $q=0.1$ 的网络容错性能比较。如图 3-8（a）所示，按照不同的策略在网络增设长程连接，在一定程度上提高容错性。在四种方案中，RCS 和 SCS 方案的提升效果最为明显。当 50％的传感器节点从网络中移除时，此模型仍然有 30％和 27％的传感器节点可以维持至少一个有效链路与 Sink 节点连接。如图 3-8（b）所示，随着加入长程连接的概率 q 增加，网络性能在容错性方面有了很大的提高。对于 SCS 方案，即使有 50％的传感器节点被移除，仍然有 47％以上的节点运行良好，这意味着剩余节点的连通性几乎不受节点移除的影响。

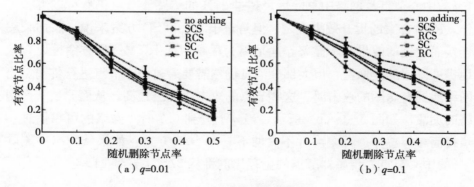

图 3-8　网络的容错率比较

（2）网络的容侵性能分析

图 3-9 表示长程连接新增概率为 $q=0.01$ 和 $q=0.1$ 时的网络容侵性

能表现。可见，与网络容错性相比，网络的容侵性能提高并不明显。对于没有添加长程连接的网络，按照度从高到低移除1％的节点会导致网络瘫痪。此时，只有不到12％的传感器节点能够正常运行。如前所述，对于无标度的无线传感器网络，只有少数中心节点（即通常是高度节点）占绝大多数连接。如果这些传感器节点处于"故障"状态或移除，将导致网络中的绝大多数节点到 Sink 节点的链接中断，从而引发网络大规模的失效。

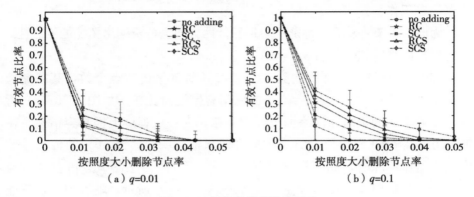

（a）q=0.01　　　　　　　　　　（b）q=0.1

图 3-9　网络的容侵性能比较

如图 3-9（a）所示，长程连接以概率 $q=0.01$ 添加到网络中。网络容侵性能得到了一定的改善。在四个方案中，SCS 方案具有最佳性能。1％的中心节点从网络中移除后，超过27％的传感器节点仍然可以继续工作。RCS 方案的提升效果次之。但是对于 RC 和 SC 方案来说，添加长程连接而改进的效果并不显著。这是因为尽管引入 RC 或 SC 方案可以有效地提高网络的连通性，但大部分消息仍然需要通过中心节点进行传输。当网络遇到有意图的攻击时，这些节点的攻击优先级最高，从而导致整个网络的崩溃。如图 3-9（b）所示，当 q 上升到 0.1 时，网络的可靠性进一步提高，但总体提升幅度并不太明显。而 SCS 方案，如果从网络中删除1％的中心节点，传感器节点的生存比例将从 27％上升到 41％。

3.5　本章小结

依托无标度网络和小世界网络理论为构建高效无线传感器网络拓扑提

供的灵感，本章提出了一个兼顾无标度和小世界网络特性的新型 IWSNs 拓扑演化模型。在该模型中，生成的拓扑结构是集群结构的，更适合真实的工业应用场景。为延长网络寿命，引入能量敏感度和最大度的限制。此外，为构建无线传感器网络中的小世界效应，在进化过程中引入网络长程连接的方式。理论和仿真结果可以证明：

（1）该模型中的网络拓扑度分布具有幂律特征，并且生成的网络拓扑结构具有较小的平均路径长度的同时，仍保持较大的聚类系数。因此，该模型可以保证生成的网络拓扑兼具无标度网络和小世界网络的特征，使网络保持较好的容错性，同时提高了的网络寿命和容侵性能。

（2）该模型综合了 4 种长程连接增设策略（即 RC、SC、RCS 和 SCS），选取簇头与 Sink 节点作为端点的长程连接布局策略对网络性能的提升效果优于仅选取簇头节点作为端点的长程连接布局策略。基于择优原则的长程连接布局策略优于基于随机原则的长程连接布局策略。因此，基于择优原则选取中心簇头与 Sink 建立长程连接的策略 SCS 对网络性能的提升效果最为明显。

参考文献

[1] Li, W.; Fu, X. Survey on Invulnerability of Wireless Sensor Networks [J]. Chinese Journal of Computers, 2015, 38 (3): 625-647.

[2] Fortino, G.; Guerrieri, A.; O'Hare, G. M. P.; Antonio, G. R. A flexible building management framework based on wireless sensor and actuator networks [J]. Journal of Network and Computer Applications, 2012, 35 (6): 1934-1952.

[3] Meseguer, R.; Molina, C.; Ochoa, S. F.; Santos, R. Energy-Aware Topology Control Strategy for Human-Centric Wireless Sensor Networks [J]. Sensors, 2014, 14, 2619-2643.

[4] Fichera, L.; Messina, F.; Pappalardo, G.; et al. A Python framework for programming autonomous robots using a declarative approach [J]. Science of Computer Programming, 2017 (139): 36-55.

[5] De Benedetti, M.; Messina, F.; Pappalardo, G.; et al. JarvSis: a distributed scheduler for IoT applications [J]. Cluster Computing, 2017 (5): 1-16.

[6] Strogatz, S. H. Exploring Complex Networks [J]. Nature, 2001, 410 (6825): 268 - 276.

[7] Karrer, B.; Newman, M. E. J. Competing Epidemics on Complex Networks [J]. Physical Review E., 2011, 84 (84): 109 - 134.

[8] Rubinov, M.; Sporns, O. Complex Network Measures of Brain Connectivity: Uses and Interpretations [J]. Neuroimage, 2010, 52 (3): 1059 - 1069.

[9] 符修文. 工业无线传感器网络抗毁性关键技术研究 [D]. 武汉: 武汉理工大学, 2016.

[10] Chen, L.; Chen, D.; Li, X.; Cao, J. Evolution of Wireless Sensor Network [C]. In Proceedings of the IEEE Wireless Communications and Networking Conference, Kowloon, Hong Kong, 11 - 15 March 2007: 3003 - 3007.

[11] Lei L, Kuang Y, Shen X, et al. Optimal Reliability in Energy Harvesting Industrial Wireless Sensor Networks [J]. IEEE Transactions on Wireless Communications, 2016, 15 (8).

[12] Dorogovtsev, S. N.; Mendes, J. F. F.; Samukhin, A. N. Structure of Growing Networks with Preferential Linking [J]. Physical Review Letters, 2000, 85 (21): 4633.

[13] Krapivsky, P. L.; Redner, S.; Leyvraz, F. Connectivity of Growing Random Networks [J]. Physical Review Letters, 2000, 85 (21): 4629.

[14] Sarshar, N.; Roychowdhury, V. Scale - free and Stable Structures in Complex Ad Hoc Networks [J]. Physical Review E., 2004, 69 (2).

[15] Heinzelman, W. R.; Chandrakasan, A.; Balakrishnan, H. Energy - efficient Communication Protocol for Wireless Microsensor Networks [C]. In Proceedings of the 33rd IEEE Annual Hawaii International Conference on System Sciences, Hawaii, USA, 2000: 1 - 10.

[16] Wu, X.; Chen, G.; Das, S. K. Avoiding Energy Holes in Wireless Sensor Networks with Nonuiform Node Distribution [J]. IEEE Transactions on Parallel and Distributed Systems. 2008, 19 (5): 710 - 720.

[17] Fu, X.; Li, W.; Fortino, G. Empowering the Invulnerability of Wireless Sensor Networks through Super Wires and Super Nodes [C]. In Proceedings of the 13th IEEE/ACM International Symposium on Cluster, Cloud and Grid Computing, Delft, Netherland, 2013: 561 - 568.

第4章 面向混杂网络的节点管理及数据传输优化

4.1 引言

通过第 3 章所提出的无标度网络和小世界网络拓扑演化建模，解决了工业无线传感器网络中因节点失效而导致的拓扑割裂的问题，确保所生成的网络拓扑在遭受攻击后剩余多数节点仍可以与 Sink 节点保持有效的连接。众所周知，复杂网络是"局域世界"网络模型的代表，而工业无线传感器网络是大型规模化的复杂型无线网络，单个或局部的传感器数据并不能完整地反映出制造过程的所有状态。

另外，工业无线传感器网络动态性显著。在工业生产和管理过程中设备将产生并发送大量数据，传感器节点压力倍增从而导致网络拓扑遭受通信数据量的冲击。而网络拓扑结构的改变将会导致网络数据流重新分配，进而引起网络通讯负载也随之发生改变，最终网络结构的不平衡会导致更多的传感器节点失效或链路拥堵。另外，受制于硬件设备和成本设备的控制、转发紧密耦合性以及链路带宽限制所引起的资源利用率低下、网络规则难于变化、难于管理扩展困难的问题[1]，会导致工业无线传感网络的节点控制和管理、网络扩展非常不便，增加了网络数据传输的复杂性和不可靠性。

因其特性，工业无线传感器网络是通过无线通信方式经不同底层设备连接形成的多跳自组织混杂无线网络系统，研究需进一步考虑不同类型的节点管理、链路通信配置以及传输路径的选择等。因此，如何在网络动态过程中对节点进行有效管理，使得网络能够灵活扩展，已成为影响网络可靠性数据传输的主要因素之一。

基于上述的分析，本章根据前一章的无标度小世界的拓扑演化模型，并基于软件自定义网络（SDN）的思想，采用数据平面与控制平面分离的可扩展性高的新型框架，运用节点自适应环境管理的方法去解决网络动态变化中节点或链路失效问题，并针对整个框架设计提出具体的工作流程。在提出的框架基础上，以增强无线传感器网络数据传输的可靠性为目的，提出传感器节点和链路之间的虚拟化过程；在拓扑发现和路由发现阶段，分别设计一种改进的算法来解决网络覆盖及扩展问题；通过实验仿真来验证网络总延时和能量性能，从而解决工业无线传感器网络因节点或链路失效的数据传输可靠性难题。

4.2 新型工业无线传感器网络框架设计

在第二章 2.3 节详细介绍了典型的软件自定义的无线传感器网络框架的相关研究，该框架分为应用层、控制层和转发层三层网络结构。但是，对于一个真正的工业场景来说，典型的软件定义无线传感器网络框架是一种通用的网络框架，并不是针对工业物联网的。其框架并不适合无线传感器网络环境的独特特征，比如，苛刻的应用环境、复杂性、数据多样性和人员、设备部署等特征。因此，为解决工业物联网中的一些问题，基于复杂的网络理论（无标度理论和小世界理论）在拓扑优化和演化机制的模型下，设计一种改进后的软件定义无线传感器网络框架。本节针对工业无线传感器网络结合软件自定义理论提出一种多网络控制框架，能够实现大规模异构网络的灵活扩展和节点的自适应管理能力。该框架采用虚拟化技术，通过一一映射屏蔽底层网络设备的差异，利用定制化编程对底层设备实现控制，并在物理资源的虚拟平面共享及映射技术的基础上降低对拓扑位置的敏感度，实现对网络节点资源的解耦[2,3]。在此基础上，采用多控制跨域协同框架，可以通过控制器定期交换共享区域内的网络资源信息实现网络间的通信。

本章提出一种改进软件自定义方法的新型工业无线传感器网络框架，它的模型和特征将在 4.2.1 节详细介绍。

4.2.1　新型工业无线传感器网络架构

　　该架构主要运用软件定义网络的方法去实现工业无线传感器网络的虚拟化方案，利用 FlowVisor 虚拟工具在 OpenFlow 控制器和 OpenFlow 交换机之间建立物理关键节点与虚拟节点的一一映射策略，构建虚拟网络层，结合虚拟层节点的位置及其他属性来优化最短路径算法。该方案采用软件自定义中的控制层与转发层分离的概念，结合相关的方法和策略去解决传感器网络负载均衡和节点能耗的相关问题，从节点失效的层面上提高网络数据传输的可靠性。本章所提出的软件定义无线传感器网络是四层架构，从底端到顶部，依次包括物理层、虚拟层、控制层和应用层，如图 4-1 所示。

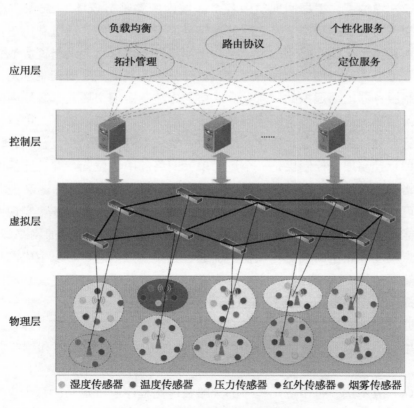

图 4-1　新型工业无线传感器网络框架

（1）物理层。该层的物理设备包括不同的传感器节点、Sink 节点、交换机和路由器等固定设备。传感器节点负责收集区域内的相关信息并传送至控制器上的管理系统。该层的所有节点必须具有 OpenFlow 协议从而支持软件自定义和可编程的功能，并且传感器节点可以通过北向接口与软件自定义的控制器相连，从而接收来自于控制器的流表项信息和执行流控制功能，而控制器可以从传感器节点获取各个区域内的数据信息，对其网络进行监测。基于工业无线传感器网络具有无标度小世界的拓扑结构，其Sink 节点相当于簇头节点或汇聚节点，主要针对该区域内路径上的所有传感器节点提供数据传输的能力，而交换机主要是连接 Sink 节点、服务器和其他设备的。服务器主要用来对请求节点提供一些服务，比如：周围的环境等。在该框架中，一个节点同时可以连接多个服务器。

（2）虚拟层。根据物理层中各个区域内的关键节点即 Sink 节点映射为虚拟关键节点，虚拟节点之间的连接形成虚拟节点层。通过利用虚拟网络层重建整个无线传感器网络，将物理网络资源虚拟化为网络资源池去实现资源共享，通过创立流表单元来实现流分类和制定相应的控制规则。利用控制服务器内部虚拟的信息共享式协同方法，定期交换共享区域内的网络资源信息，进行多个子网络间数据传输的协作。在该框架下，可以统一调度管理虚拟关键节点，优化网络带宽，实现 CPU 利用率和流量管理。

（3）控制层。控制层是一个逻辑单元网络的中心位置，并且连接所有的网络设备。该 SDN 控制器连接到每个交换机，并通过软件定义控制器作为可视化层和应用层之间的中介，去提供路由、安全等业务，实现网络的智能化管理。在这个框架中，控制层主要负责管理虚拟层的网络资源，是节点调度和路由的关键。该控制器通过收集节点信息，可以生成网络拓扑，然后使用 OpenFlow 协议来传输流表项中节点的路由信息。全局网络视图提供由控制器定制的网络状态和拓扑，这是传统网络所不具备的功能。通过这种方式，按照用户指定周期进行路由动态调整变换，即：不同的应用程序可以获得不同的视图，这种处理方式对应用程序和网络都有好处。

（4）应用层。每个应用程序的策略在应用程序层中定义。每个应用为无线传感器网络中的传感器节点提供特定的服务，如拓扑管理、路径优化、位置服务、状态服务、负载均衡、路由协议以及一些个性化服务。在该框架下，根据网络资源视图，每个应用程序从控制层获取自定义的网络状态，并根据其策略进行决策。该策略统一计算节点路由信息，指示如何将服务提供给传感器节点，以实现控制器的统一节点调度。本章方案中，应用层的策略主要涉及框架内的负载均衡和节点能耗。

4.2.2　新型工业无线传感器网络优劣性分析

改进软件定义方法的新型工业无线传感器网络相对传统无线传感器网络技术的优劣性如表 4-1 所示，主要有以下几点：

表 4-1　当前网络类型的比较

性能	传统无线传感器网络	软件定义无线传感器网络	改进软件定义无线传感器网络
发送消息	缺点：定期广播消息	优点：服务响应	优点：服务响应、容易扩展
结构差异	缺点：节点结构多样性	优点：节点结构差异性小	优点：网络结构小，节点结构差异小
数据来源	缺点：来自所有方向的数据传输	优点：按照节点的位置选择路径	优点：更适用于工业物联网
外设支持	优点：不需要 SDN 控制器	缺点：必须需要 SDN 控制器	缺点：必须需要 SDN 控制器

（1）在传统的无线传感器网络中，传感器节点可以有许多不同类型的结构，包括普通节点、路由器和具有节点功能类型的协调器等。此外，定义节点应用程序类型与功能类型相同。在软件定义无线传感器中，节点之间的差异性很小，而改进后的技术，不仅网络结构比传统网络结构小，而且节点结构之间只存在很小的差别。

（2）在传统的无线传感器网络中发送消息，需要定期广播消息来建立数据传输路径[4]。而软件定义无线传感器网络充分利用 OpenFlow 协议的优势，并使用交换机为控制器转发包含流表信息的数据包，以便安装这些数据包，这是一个服务响应。改进后的技术采用物理虚拟化技术，可为工业无线传感器网络规模的扩展提供便利。

（3）传统的无线传感器网络，源节点向所有邻居节点发送请求，其过程大量地浪费节点能耗。而在软件定义中，控制器应用程序可以计算节点并合理选择连接节点和设备的最优路径，支持最新的全局网络拓扑和流量状态的监控视图。改进后的软件定义无线传感器网络可以更加有效地解决复杂工业环境下的网络覆盖问题。

（4）新型和典型的软件定义无线传感器网络技术都必须需要 SDN 控制器的支持，而传统的无线传感器网络则不需要。

4.3　新型工业无线传感器网络工作流程设计

前一节介绍了新型工业无线传感器网络框架，本节将描述如何在典型工业物联网场景中使用这种软件定义工业无线传感器网络。如图 4-2 所示，整个网络路由设计流程包括六个方面，即网络初始化、网络虚拟化、拓扑发现、管理（创建和发送策略）、路由发现和节点信息反馈。

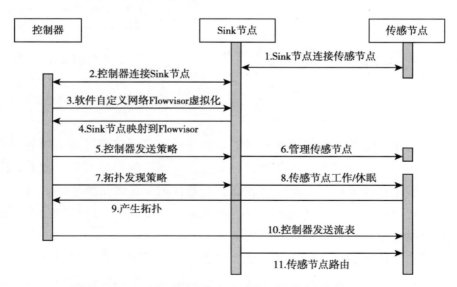

图 4-2　面向工业物联网的软件定义无线传感器网络序列图

4.3.1　网络初始化

该初始化过程主要是为了控制器获得初始的网络拓扑，具体步骤如下：

（1）软件定义控制器和传感器节点的初始化，即：Sink 节点接收所有传感器节点的相关信息，控制器通过 OpenFlow 协议与传感器节点进行通信。

（2）配置网络的路由器节点，并连接到控制器上报告其地址、能量、计算能力等相关信息。

（3）路由器与相邻的传感器节点连接获取与能量、负载、带宽有关的信息位置。该路由器会通知这些传感器节点关于自己的路由地址，在该区域内生成拓扑信息。

（4）路由器收集该区域内的所有信息，并将这些信息传送给软件定义的控制器。

4.3.2　网络虚拟化

网络虚拟化过程主要是为了提升网络节点对拓扑变化的自适应能力，实现网络资源共享，方便下一步的控制器管理。其具体步骤如下：

（1）整体资源视图是根据网络的初始状态获得的。使用软件自定义的控制器去构建软件定义无线传感器网络的虚拟层，该虚拟层通过传感器 OpenFlow 协议去管理物理网络。

（2）如图 4-1 所示，物理层的路由器映射到虚拟层上，路由器使用传感器 OpenFlow 协议与软件定义流程管理器进行通信。根据无线传感器网络的应用服务或传感器节点的类型（如温度、湿度、压力或特殊检测传感器节点等）去部署多个子控制器，不同的无线传感器子网会映射到不同的虚拟控制器，每个虚拟控制器可以分别管理工业无线传感器网络中子网的不同服务类型。对于每个不同的应用业务以及个性化需求，软件定义流量管理器[5]可以合理地控制和分配传输流量和带宽等。

（3）虚拟节点不单纯是一个物理节点，而是一个区域中的物理网络。虚拟节点可以为应用层提供数据包服务的处理能力，因此虚拟链路与物理链路之间不存在直接的关系。

4.3.3　网络管理

该过程主要针对 SDN 控制器对网络及节点的整体管理提出相关策略。

其具体步骤如下：

（1）指令发布和分配策略。该策略是指 SDN 控制器发送安装传感器节点的控制命令，这个控制消息包含配置要求和当前物理节点安装所需的参数，例如，路由服务使用发现算法获得服务路径，然后为每个在该服务路径上的节点配置一个策略。

（2）软件定义控制器的管理。根据该网络区域和路由器的数量，SDN 控制器具有一键式部署的功能，并且可以添加或减少集群的数量去灵活扩展和管理自身的容量。而控制层使用虚拟化管理集群的方法，根据网络规模、分布和传感器网络的虚拟层节点的数量去设置虚拟控制器的数量。然后，虚拟控制器将会按照区域网络状况来为 CPU 和内存设置相关的阈值。如果超过这个门槛，控制器将动态调整它的性能。

（3）节点调度睡眠策略。基于控制器管理，去改进文献［6］提出的智能节点工作/休眠策略。根据控制器从多个节点收集的信息不同，可监测到每个区域中传感节点的能量信息，从而动态调整一些节点的休眠表，然后使对应的节点定期休眠或者工作。

（4）集中控制规则预定义策略。集中控制规则预定义策略是基于传感器节点数据收集、路由和能量消耗的优化方法，使用云管理平台去实现集中管理和调度不同的无线设备，而传感器节点的数据采集和主动节点的信息被 SDN 控制器用来执行任务。

4.3.4　拓扑发现

工业无线传感器网络具有多种设备，其网络为自组织的网状结构。由于该网络中设备连接数过多，寻找一个有效的网络拓扑是第一要务。它的主要目的是获取和维护该网络中所有节点的已有信息和节点之间的连接关系，来绘制整个网络的有效拓扑图。

为延长网络的寿命，从节点能耗的角度出发，可添加休眠机制来设计相关的网络拓扑。其具体步骤如算法 2 所示：①SDN 控制器通过 OpenFlow 协议将控制信息传送到虚拟层，以便控制器获取虚拟层的网络资源视图。②SDN 控制器通过软件定义中的 Flowvisor 工具快速获取该工业无线传感器的物理网络中所有逻辑子网的信息资源，由于该网络的拓扑会发生频繁变化，将已有文献 [7，8] 的基于 K 邻域能量消耗的 ECCKN 算法进行相应改进，改进后的算法称为基于度的主动 K 邻居连接能耗算法 (Energy Consumption based on K-neighborhood Degree，ECKD)。该方法添加控制器集中控制的方法去主动更新实现节点的休眠和工作状态，如算法 2 伪代码所示，该算法的时间复杂度为 $O(n)$，其具体算法流程图如图 4-3 所示。

算法 2　基于度的主动 K 邻居连接能耗算法（ECKD）

输入：节点的最小处于工作的节点的邻居数 k；

输出：k 邻居连通的网络。

Begin

1：SDN 控制器在与传感器节点交互的过程中，收集子网内所有节点集合 N，所有的节点剩余能量集合 E、节点度集合 K 和每个节点对应的邻居节点集合 M；

2：假设当前节点剩余能量为 E_i，该节点的邻居节点集合为 M_n，它的邻居节点的邻居节点集合为 M_v；

3：$k = \min(K)$；

4：While（遍历 M_n and M_v）Do；

5：If（$|M_n| <= k$ or $|M_v| <= k$）for any $s_v \in N$ then；

6：　　　节点保持工作；

7：　　　Continue；

8：　　End if；

9：　$E_u = \{s_i \mid s_i \in M_n, E_i > (E_n/k_i) * k\}$；

10：　　If E_u 中任意两个节点直接相连 or 通过节点 s_u 的两跳邻居节点间接相连且能量 $E_i > E_n$ and 在 M_n 中任意节点在集合 E_u 至少有 k 个邻居节点 then；

11：　　节点进入后休眠状态；

12：　　Continue；

13：　Else；

14：　　节点保持工作状态；

15：　　Continue；

16：　End if；

17：End While；

18：更新拓扑。

End

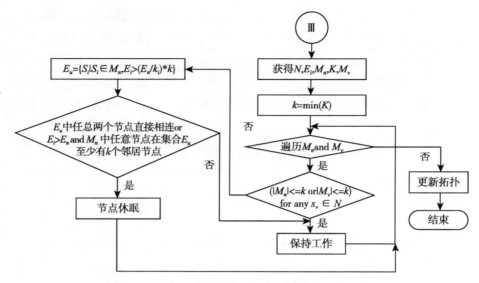

图 4-3　基于度的主动 K 邻居连接能耗算法流程

举个例子说明，网络原始拓扑如图 4-4（a）所示，其中，原始的节点的个数为 7，每个节点具有不同的能量，如 A 节点的能量为 2，B 节点的能量为 2 等。该算法的详细过程如下：

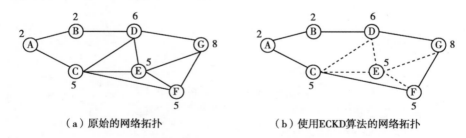

（a）原始的网络拓扑　　　　　　　（b）使用ECKD算法的网络拓扑

图 4-4　使用 ECKD 算法与原始网络拓扑的对比图

（1）SDN 控制器获得网络中所有节点信息及其所有邻居节点的剩余能量 E_i。根据图 4-3 中的算法流程，其结果是：$E_A=\{5(C)\}$（即：C 是 A 节点的邻居节点，其 C 节点的能量是 5。），$E_B=\{6(D)\}$，$E_C=\{6(D)$，$5(F)$，$5(E)\}$，$E_D=\{5(C)$，$5(E)$，$8(G)\}$，$E_E=\{5(C)$，$6(D)$，$8(G)$，$5(F)\}$，$E_F=\{5(C)$，$5(E)$，$8(G)\}$，$E_G=\{6(D)$，$5(E)$，$5(F)\}$。

（2）再根据该算法第 4 步进行判断，当节点能量集合数量小于或等于 2

时的节点需要保持工作，即：A，B 仍工作。但由于 E_C，E_D，E_E，E_F，$E_G > 2$，所以这些节点需根据算法中第 9 步去选择对应的两个节点直接通信。

（3）根据判断可知，在 E_C，E_D，E_E，E_F，E_G 中，只有 E_E 满足第 9 步的所有条件。因此 E 节点可以进入睡眠状态，而其他节点继续保持清醒到下一个周期，如图 4-4（b）所示。

4.3.5　路由发现

多跳是工业无线传感器网络一种特征，即每个节点都会参与发送数据。而节点之间数据的传输主要依靠网络中的路由协议来控制，节点的路径选择和下一跳转发都是由路由协议完成的。因此，为满足网络的服务质量，必须选择一个合适的路由。在软件自定义和工业无线传感器相结合的网络中，这种通过转发控制思想实时获取节点信息的变化，动态更换簇头节点实现对区域节点的控制，具有较强的针对性和有效性。

本节的路由发现过程主要从路由优化的角度出发，运用已有的深度遍历算法的基本思路，将数据传输过程中节点的能量消耗和节点负载作为该路由算法的设计目标，则改进过的深度遍历路由算法（Routing Algorithm based on Depth Traversal，RABDT）具体过程描述如算法 3 所示，其算法时间复杂度为 $O(n)$，具体流程图如图 4-5。

算法 3　基于深度遍历的路由算法（RABDT）

输入：各节点的位置；

输出：源节点到目标节点的路径。

Begin

 1：基于节省节点能量的思想，根据 ECKD 算法，获得基于所有节点的子网拓扑，即：它由邻接矩阵 $G = (V, E)$ 表示；

 2：根据 SDN 控制器与节点之间进行交互，控制器收集当前的工作节点负载值，然后用这个负载值来设置 δ；

 3：If 控制器计算从节点 s 到节点 d 的路由；

 4： While $G_s !\ = \Phi D_o$；

 5：   If 该节点的 $IP = IP_d$ then；

 6：   Break；

（续）

7：   Else；

8：   确定邻居节点负载集 L；

9：   If   L<=δ then；

10：   遍历该节点的所有邻居；

11：   再转到第 4 步；

12：   Else；

13：   找到负载最小的邻居节点；

14：   转到第 4 步；

15：   End If；

16：   End If；

17： End While；

18：End If；

19：控制器获取从节点 s 到节点 d 路由信息，然后将相关流表信息发送到该路由相关的节点。

End

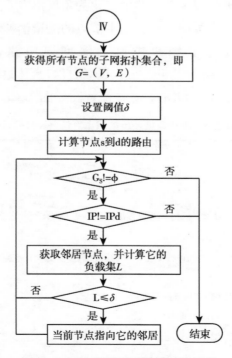

图 4-5　基于深度遍历路由算法流程

当源节点要求与目的节点进行通信时，算法利用深度优先搜索策略及递归法去建立节点间的所有的可行路径和节点集合，从中选择节点的负载值不大于其阈值的传输路径，然后设定该网络的性能函数；选择可行路径必须集中满足给定网络性能要求的路径，得到能耗与负载都满足要求的最佳路径。

4.3.6　信息反馈

传感器节点执行配置命令，完成业务安装，收集区域内的节点信息并向控制器发送反馈消息，观察节点的运行情况条件来执行流表更新操作。若某个关键节点出现故障或休眠，则返回至 4.3.4 节的拓扑发现过程。

4.4　实验评估与可靠性分析

4.4.1　实验平台介绍

由于真实的试验场景中设备配置及条件的限制，本实验基于软件自定义和 IEEE 802.15.4 工业无线传感器网络协议进行仿真实验。该实验所需的工具为：网络模拟器框架是 Mininet[9]，控制器采用 Floodlight[10]。Floodlight 运行在 AMD Opteron6348 处理器和 16GB 内存的服务器上，服务器操作系统为版本 2.6.32 内核的 Linux。而 Mininet 运行在一个单独的服务器，并且该服务器以 10Gbps 连接以太网。

其中，Mininet 主要由一些虚拟的终端节点、交换机、路由器构成，通过设备之间连接而成的一种网络仿真器。采用方法是轻量级的虚拟化技术，使得系统可以和真实网络相媲美。该仿真器可以很方便地创建一个支持软件自定义的网络，其主机就像真实的电脑一样工作，可以使用 SSH 登录和启动各类应用程序。这些程序也可以向以太网端口发送数据包，并会被交换机、路由器接收并进行相关的处理。通过该网络，通过可编程技术灵活地为此网络添加新的应用，并进行各项测试，最终无缝地部署到真实的环境中。但需要注意的是，真实环境中的所有设备必须支持 OpenFlow 协议。

Floodlight 是 Apache 授权并且基于 JAVA 开发的企业级 OpenFlow 控制器，是软件自定义网络重要的组成部分。其作用是当用户在 SDN 网络中运行各种应用程序时，可以实现对 OpenFLow 网络的监控和查询功能，为应用和网络规模的扩展提供了良好的平台，它的稳定性、易用性已经得到 SDN 专业人士以及爱好者们的一致好评。

4.4.2 实验场景

为进一步研究本章所提方案对实际工业应用的支持，进行实地调研。该调查区域位于高科技园区的某制药公司，公司整体布局可分为一个行政区域，多个生产厂区和多个存储仓库物流区。在网络初始化阶段，每个地区中存在多种类型的传感器节点，其中工厂内各个环节中布置温湿度传感器、压力传感器、烟雾传感器、振动传感器、RFID 多种无线传感器网络设备。为了进行仿真实验，选择其中一个生产车间、一个控制室和一个相邻的仓库作为实验场景进行仿真测试。具体的网络部署为图 4-6 所示。

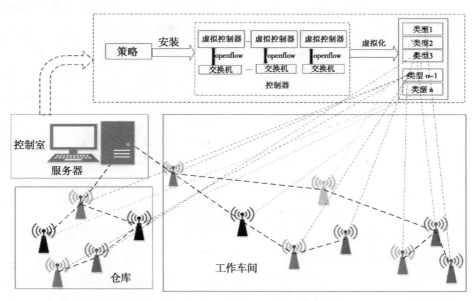

图 4-6　基于无线传感器网络多区域的异构网络

4.4.3　性能指标

该实验从能量消耗和延时时间两方面对本章提出的软件定义无线传感器网络进行评估。

1. 能量消耗

能量消耗实验使用以下设置：

（1）设置网络节点的数量是 120 个，并且感知环境造成的能源消耗在该实验中忽略。

（2）该网络中的所有传感器节点的大小、形状、结构和初始能量都被认为是相同。

（3）传感器节点各自的传输和接收半径是一样的。

（4）当在源节点和目标节点之间传输 l 位数据时，能量消耗可以由公式（4-1）和（4-2）计算。

$$E_{Tx}(l,\ d)=l\times E_{elec}+l\times \varepsilon_{amp}\times d^2 \qquad (4-1)$$

$$E_{Rx}(l)=lE_{elec} \qquad (4-2)$$

因此，可以得到：

$$E_t=E_{Tx}(l,\ d)+E_{Rx}(l) \quad (t=0,\ 1,\ 2,\ \cdots) \qquad (4-3)$$

其节点的剩余能量比为：

$$M_t=\frac{MI-\sum_{t=0}^{n}E_t}{MI} \quad (t=0,\ 1,\ 2,\ \cdots) \qquad (4-4)$$

其中，l 表示发送或接收数据包的长度，$E_{Tx}(l,\ d)$ 表示节点在距离 d 上发送 l 比特长的数据包所需的能量，E_{elec} 表示节点发送或接收 1 位数据所需的能量，ε_{amp} 是发送放大器，E_{Rx} 表示接收数据的能量消耗，t 是经过时间，E_t 表示在时间 t 内总能量消耗，M 是节点的数量，I 和 M_t 分别表示初始能量和在 t 时刻内剩余能量比。

2. 延时时间

总的延迟时间包括处理延迟时间（p）、串行排序延迟时间（s）和传输延迟时间（d）。计算公式如下：

$$D=p_t+s_t+d_t \qquad (4-5)$$

在该延时实验中，为了更好地解释延迟时间，对节点数量和时间的影响值进行分析。其中 t 表示时间值，其取值范围为 0~60s。此外，采用三种类型的网络进行实验比较，即 60、120、180 个节点。

4.4.4 性能评估

本节针对所提方案（改进的 SD-WSN）、典型的 SD-WSN 以及传统的 WSN 方法进行仿真实验对比。表 4-2 显示其仿真环境与网络参数的设定。其中典型的 SD-WSN 方法采用的是文献 [11]，即：在每个路由路径上维护全局视图，将 OpenFlow 与链路状态路由集成在 WSN 中；一般的 WSN 方法采用的是文献 [12] 中具有休眠机制的路由算法。

表 4-2 网络参数设置

网络参数	数值
网络节点	60，120，180
网络面积	$100 \times 100 \text{m}^2$
控制器坐标（BS）	(0，0)
节点通信半径	20m
节点初始能量（I）	10J
发送数据所消耗的能量（E_{dec}）	$60 \times 10^{-6} \text{J/bit}$
包的大小（l）	1 000bit
发送放大器（ε_{amp}）	$10 \times 10^{-9} \text{J/(bit} \times \text{m}^2)$
节点链路流速率上限（r_l）	2.02 nats/symbol

1. 能量消耗评估

能耗评估是评价工业无线传感器网络的路由协议优劣的重要特性之一，其能耗对比如图 4-7 所示。

图 4-7 显示了改进后的软件定义无线传感器网络、传统的软件定义无线传感器网络和传统的无线传感器网络之间的能耗对比。改进后的技术在剩余能量方面明显优越于其他两种技术，例如：在运行时间为 30 分钟时，传统的 WSN 的平均剩余能量约为 60%，典型的 SD-WSN 的剩余能量为 88%，而改进的 SD-WSN 的方法剩余能量值为 91%。造成三种网

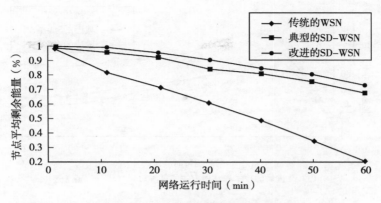

图 4 - 7　三种网络中的剩余能量

络中的剩余能量明显差异的主要原因在于：①本章所提到的休眠调度机制和路径发现方法可以让一些度大的节点休眠，数据传输中可选择一条能耗少的路径，从而节约网络中节点的平均能量；②软件定义方法具有集中管理的优点，并且该方法可以方便网络中各个节点的能量管理，提高节点的自适应能力，不需要传统无线传感器网络中节点向它们的邻居节点进行广播和发送请求，并且转发节点只需要负责数据流的转发，这种方法在很大程度上节省了能量消耗。

2. 传输延时评估

传输延时是指源节点的数据通过多个中继节点发送到目的节点（基站）的总传输延时时间，其实验结果如图 4 - 8 所示。

图 4 - 8 （a）、（b）和（c）显示了三者在三种网络（节点的数量分别为 60、120、180）下的延时时间结果。其结果发现，在第一阶段改进后的软件自定义无线传感器网络的方法技术延时时间是高于其他两种方法的，这是由于改进的方法在前期需要花费一些时间去计算源节点到目的节点的路径问题。一旦路径被建立，不需要节点再向邻居节点发送请求，按照该路径直接上传数据包，并且当节点失效或者网络中出现拥塞时，控制器也能够及时调整转发策略，重新规划合适路由。这种策略下，其延时时间会快速下降，因此，它的总延迟时间是小于传统的无线传感器网络和典型软件定义无线传感器网络的总延时。

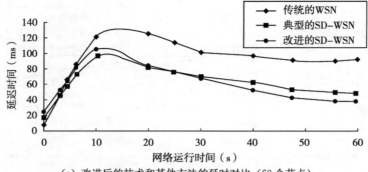

（a）改进后的技术和其他方法的延时对比（60 个节点）

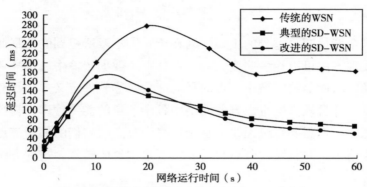

（b）改进后的技术和其他方法的延时对比（120 个节点）

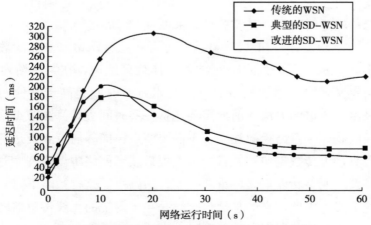

（c）改进后的技术和其他方法的延时对比（180 个节点）

图 4 - 8　三种方法的延时对比

4.4.5　可靠性分析

通过延时和能耗实验，可知通过软件定义的方法可以在一定程度上提高无线传感器网络中节点管理的有效性和网络数据传输的可靠性，其表现主要有以下三个方面：

（1）软件定义无线传感器网络由于转发和控制的分离，从而减少硬件之间的差异，并提高网络资源调度能力。例如，控制器可以获取整个网络节点的信息，拓扑发现算法可以更快获取子网信息，这使得工作节点的分布更统一，因此可以充分利用整个网络节点资源。

（2）由于软件定义的定制和编程，网络应用容量和网络资源的利用率得到改善，从而提高了网络的可用性。例如，ECKD 算法有效降低了能耗，而 RABDT 算法提高了数据转换的能力。从实验结果可以看出，节点的运行时间增加和数据的延迟减少。

（3）该方法中的虚拟化技术减少网络中设备间的差异和网络拓扑的敏感性，并且基于虚拟化下的分簇技术更能合理地划分工业无线传感器网络通信区域，从而减少区域网络的负载。

4.5　本章小结

本章提出了一种改进的软件定义工业无线传感网络，通过控制与转发分离的技术降低了网络耦合度，利用网络控制器来发布网络指令，运用网络节点和链路的虚拟化管理来简化网络管理的复杂度。基于相关技术结合工业特性，提出了软件自定义的无线传感器网络集成框架，针对工业物联网场景设计工作流程，有效解决了工业环境下无线传感器网络节点管理、网络拓扑覆盖以及网络扩展问题，实现了网络节点资源的全局共享和灵活扩展。另外，通过网络实验仿真证明，该方案在节点能耗管理和传输延时控制方面是有效的，并有效预防了因能耗问题导致的节点或链路失效，提升了整个网络的寿命。

参考文献

[1] 董玮，陈共龙，曹晨红，等．面向软件定义架构的无线传感器网络［J］．计算机学报，2017，40（8）：1779-1797．

[2] Bonfim M S, Dias K L, Fernandes S F L. Integrated NFV/SDN Architectures: A Systematic Literature Review［J］. Acm Computing Surveys, 2019, 51（6）.

[3] 赵晶．工业无线传感器网络集中式资源调度研究［D］．北京：北京交通大学，2016．

[4] Sherwood R, Gibb G, Yap K K, et al. Flowvisor: A network virtualization layer ［J］. OpenFlow Switch Consortium, Tech. Rep, 2009（1）.

[5] Md Motaharul I, Mohammad Mehedi H, Ga-Won L, et al. A Survey on Virtualization of Wireless Sensor Networks ［J］. Sensors, 2012, 12（2）: 2175-207.

[6] Chen B, Jamieson K, Balakrishnan H, et al. Span: An energy-efficient coordination algorithm for topology maintenance in Ad Hoc wireless networks［C］. International Conference on Mobile Computing and NETWORKING. ACM, 2012: 481-494.

[7] Kumar S, Lai T H, Balogh J. On k-coverage in a mostly sleeping sensor network ［J］. Wireless Networks, 2008, 14（3）: 277-294.

[8] Wang L, Yuan Z, Shu L, et al. An Energy-Efficient CKN Algorithm for Duty-Cycled Wireless Sensor Networks ［J］. International Journal of Distributed Sensor Networks, 2012, 2012（3）: 184-195.

[9] Mininet. http://mininet.org/.

[10] Floodlight. http://www.projectfloodlight.org/floodlight/.

[11] Yuan A S, Fang H T, Wu Q. OpenFlow based hybrid routing in Wireless Sensor Networks ［C］. IEEE Ninth International Conference on Intelligent Sensors, Sensor Networks and Information Processing. IEEE, 2014: 1-5.

[12] Wu Y, Fahmy S, Shroff N B. Optimal sleep/wake scheduling for time-synchronized sensor networks with QoS guarantees ［M］. IEEE Press, 2009.

第 5 章　面向移动智能体任务调度的数据
传输可靠性方法

5.1　引言

本书第 3 章从工业无线传感器网络的拓扑演化分析出发，通过无标度网络和小世界网络构建一种新的拓扑重构模型；第 4 章从网络及终端设备管理入手，利用虚拟映射技术和转发控制分离技术来简化大规模网络管理的难度。两个章节均从不同维度优化了网络数据传输的可靠性。通过对复杂网络拓扑演化重构、节点的虚拟映射、网络管理与转发相分离等关键技术的采用，可在大规模网络管理控制方面拥有较为优秀的性能优势，并可在节点管理、拓扑控制、能效均衡等方面得到有效改良，特别在网络运行过程，在网络节点"预防措施"方面有较好效果。本章通过采用上述两个章节的关键技术，对工业环境下常见的移动智能体开展进一步研究。

混杂工业无线传感器网络（Hybrid Industrial Wireless Sensor Networks）会涉及动态场景且易受周边环境影响，比如：噪声干扰、金属干扰等，常常会产生新节点加入网络、现有节点失效而退出网络、节点性能变化而引起传输半径变化等情况所引起的网络拓扑的变化。所以，传感器网络数据传输的可靠性研究不仅要考虑防止节点的失效和延长网络寿命，而且要考虑在节点或链路失效时，如何快速恢复链路，保持可靠的数据传输性能。随着科技的发展，当今的工业场景中，许多工业物料和移动装备已具有一定的感知能力和联网能力，成为工业中新的生产调度要素，在服务工业生产的自动化、网络化和智能化方面有较大的帮助，所以在后续研究中将其引入工业无线传感器网络来协同工作显得迫在眉睫。

由于移动智能设备的加入，原本异构特性的工业无线传感器网络将更为"混杂",对网络数据传输的可靠性研究带来了机遇和挑战。本章将从节点失效等问题出发,研究利用移动智能体辅助传感器网络数据传输的可靠性。①结合无线链路的不稳定因素,加入现代工业中典型生产调度元素——移动智能体(AGV),并研究移动智能设备的分类和任务调度方法。②通过控制器分解客户订单,以任务驱动为条件,考虑移动智能体与无线传感器网络结合后的上下文环境,建造混杂工业传感器网络下智能移动体的任务调度建模。③利用移动智能体演化成中继节点以替代失效节点,结合移动智能体自身拥有相应任务调度的特点,设计工业环境下基于任务调度的协作型临时链路和移动摆渡传输方案,促使移动智能体无缝隙地融入到工业信息网络中,以寻求基于移动智能体调度的混杂工业无线传感器网络数据传输可靠性的提升方法。

5.2 基于移动智能体的任务调度方法

任务调度是实际工业生产调度问题的抽象表达。它不仅可以应用于生产调度,还可以应用于运输和网络通信等各个领域,其中大部分的研究都考虑了如何利用合理的资源来执行它们的任务。

在一个动态的生产环境中,通常不同的项目中的生产水平需要满足特定时期的需求,同时还需要可接受的库存。此外,相关的供需平衡关键问题是如何在生产周期中决定工厂内相关任务的部署和设备需求。因此,出现了多项目环境中的多模式调度问题[1]。即:每个活动不仅可以为资源消耗选择多种方法,而且可以为资源分配提供一个策略,使得在规划期间以各种资源之间分配的预算水平来确定资源的总容量,从而防止项目间的资源共享。另外,在文献 [2] 中提出一个权衡方法,旨在最大限度地减少预期的碰撞活动和拖延成本。在车间中,所有任务都会选择合适的生产设备和流程,以便按照一定的规则缩短周期时间并提高生产效率。文献 [3] 提出一种有效的孤岛模型及遗传算法 NIMGA(New Island Model Genetic Algorithm),实现了完工时间最小化。在多目标调度优化模型方面,文献 [4] 提出基于时变资源需求和容量的多目标的项目调度优化模型,去处理由众多不确定因素导致设备调度完整性的问题。另外,在任务匹配方面，文献［5］提出混合萤火虫与邻域结构局部搜索算法相结合，以解决机器和有限资源的匹配问题。文献［6］在自动化制造单元中，设计了制造单元中的工作站和物料搬运机器人，例如，在确保产品质量的前提下最大限度地提高生产率，制造商需要优化工件加工和机器人的交付顺序。

工业环境中移动智能体的运动常常是非主动行为，一般受工业环境相关流程及环节的影响，在其驱动下做出相应的行为动作[7]，如：搬运、装卸、运维及监控等，根据不同的行为动作拥有不同的上下文内容，工业传感器网络可结合移动智能体的上下文行为协同工作。在基于任务驱动的移动设备协作方面，Lerman 等人[8]对动态任务分配问题进行了深入研究，提出一种数学模型分析特定的多机器人系统，可重新分配任务并适应新的环境。FMAP（Forward Multi‑Agent Planning）方法在多智能体任务模型上颇有研究[9]，任务包括完成期限、相互关系等，并采用分布式目标树的形式来表示智能体的行为，另外采用有限状态机描述任务之间相互关系及转换；通常，任务的制定与分配往往基于控制或约束条件，例如 Busoniu 等人[10]提出对个体机器人特定复杂任务进行建模的通用方法。文献［11］中设计高效的移动传感器节点部署方法和一些降低传感器节点功耗的方案，而 Kim 等人[12]利用机会路由方案去解决由于机器人群体的移动性和链路不稳定性导致的连通性问题。Duan 等人[13]设计多种数据传输方案和技术来实现 IWSNs 的可靠性，而最近的一项研究[14]提出一种分级数据传输框架，该框架集成了不同路由方案的优点，其网络实时性和可靠性强，且容易扩展。

经过实地调研，在实际的工业生产过程中，自动导引运输车（AGV）作为一种通用的生产调度的运输工具，仅负责完成生产过程的装卸和运输等传统运作。而本章的研究将推动 AGV 的单一传统生产功能转化为拥有工业生产、信息化数据传输以及分析决策执行等多重功能的智能体，在此采用 AGV 作为无线数据传输中的移动代理节点，在执行生产调度的同时辅助无线传感器网络进行监测数据的传输，由此实现现代智能与传统工业的有效结合。

5.3　面向任务的移动智能体协作方案

通常情况下，在无线传感器网络中加入移动代理形成任意拓扑，可实现网络的自我修复和自愈。一个很好的覆盖网络可保证可靠的通信、高的网络连通性及更低的能量消耗，从而延长了无线传感器网络的生命周期和节点的使用寿命[15]。

在工业环境的生产车间以及仓库中，AGV 的使用率很高，它会沿着地板上的导线、标记块或磁条运动，或者通过视觉、激光导航，穿梭在多个任务区域完成物料传输。因此，本章提出的创新点是在 AGV 任务设定的路径中，考虑周围传感器节点的一些因素，使得 AGV 在完成任务的同时实现数据传输，从而提高网络性能和节省成本。值得注意的是，由于 AGV 的超声波、红外避障技术已经成熟，本章不考虑 AGV 的路径冲突问题。

5.3.1　协作型架构设计

本章提出一种面向任务、可沟通和协调的框架，该框架的通信方式采用移动智能体与 IWSN 中簇头或节点的协作式通信，设计一个可重构、自定义优化移动智能体任务和规划路径的解决方案，通过身负特定作业任务的移动智能体来辅助节点通信，解决工业环境下节点数据传输的诸多问题。

图 5-1（a）是本方案的基础——任务调度。该方案中，客户根据自己的需求下订单到工厂，中央控制器接到订单后，根据订单的信息和工序的物理属性进行订单分解，形成任务。控制器根据任务、AGV 的工作状态及距离派发任务给指定的 AGV，最后 AGV 执行相应的配送任务。

图 5-1（b）中（1）是工业无线传感器网络终端设备节点的概况图，底层根据不同的功能性生产区域分类部署智能终端设备节点，中间层是以虚拟化技术为依托生成工业环境下全网的虚拟终端节点，最高层则是虚拟映射之后对全网终端节点进行灵活的拓扑管理、任务调度以及路由设计等。该图实现了在真实的工业场景下，移动体 AGV 在执行配送任务的过

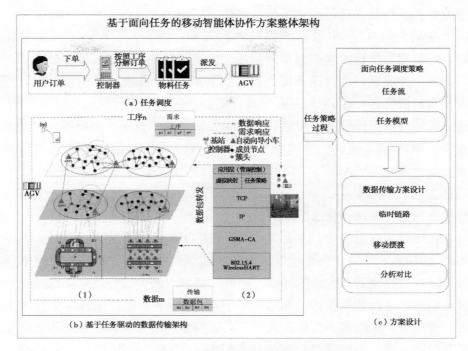

图 5-1　混杂移动智能体协作方案设计

程中可以和无线传感器节点进行数据传输。在此期间，所有的 AGV 在非工作期间不参与数据传输的过程中，只有在运行过程中可以获得来自于该区域中节点的所有数据进行传输。

图 5-1（b）中（2）是整个框架的五层网络协议栈，以适合工业环境的 WirelessHART 协议为基础。第二层协议在无线通信技术上，采用免冲突多载波信道接入技术（CSMA-CA），有效避免无线电载波之间的冲突，建立了完整的应答通信协议，为保证传输数据的可靠性奠定了基础。模型第三层和第四层是网络层和传输层，根据不同的传递对象采用不同的网络协议，比如：AGV 与传感器节点进行数据传递，则节点的数据通过 AN 接口传入 AGV，在下一跳的时候 AGV 会通过 AN 接口选择目的节点，将其数据传入。应用层主要负责终端节点虚拟映射管理、订单的管理和分类、任务生成和派发管理、路由的管理规划等，基于客户订单进行 AGV 的路径规划，从而进行该路径上的数据传输。在这层主要设计一

些策略去进行数据延时和网络的可靠性的实验。

在图5-1（b）中数据的提供者有三种：控制器、AGV、无线传感器。而控制器是根据客户订单分配各个区域的任务；无线传感器分布于工厂中各个作业区域内（除通道外），它们分别收集各个厂区的温湿度、压力及物料情况等；AGV则是在完成任务的情况下收集区域内传感器数据，达到区域内数据传输的可靠性和区域间数据互通的效果。按照不同的交流方式，AGV需考虑它们之间的传输方式：控制器对AGV、AGV对传感器节点、AGV对AGV。因此，在AGV上分别安置CA（Controller to AGV）接口、AN（AGV to Nodes）接口和AA（AGV to AGV）接口。通过这些接口来选择自己类别的数据进行传输。

在该框架的设计中，主要关注任务建模下的数据传输方案设计，由于AGV的加入，使得数据传输方式增加，应该可以提高数据传输及网络的可靠性，但是会造成大量的冗余。因此，必须对路由进行优化，选择一条合适的路由进行数据传输，如图5-1（c）所示。数据传输方案设计的主要步骤如下：①当客户订单进入工厂后，控制器通过面向任务应用去建立任务模型，并选择该订单定制的任务时间、工序、AGV送物料的路线以及相应的设备编号等。当该任务制定和分配好后，根据控制器分配的相关信息去分配和传输相应的任务给相关的AGV。②在保障应用层策略的前提下，为了提高网络数据传输的可靠性，AGV在送货的过程中也加入到数据传输的行列里，故AGV和传感器之间会存在协作关系，而协作方式是数据传输方案设计的关键。

基于工业厂房区域较大的情况和作业生产调度的需要，AGV之间一般采用无线局域网（WLAN）通信方式。为了满足工业环境下低延时、高安全的要求，本章采用WirelessHART技术方案，以便于AGV与无线传感器网络更好地自组织组网。

5.3.2 WirelessHART 技术

WirelessHART标准与HART、IEEE 802.15.4等之前出现协议标准共享了许多内容。根据WirelessHART标准的定义，WirelessHART的协议栈主要由5部分组成：物理层、数据链路层、网络层、传输层和应用层[16,17,18]。

1. WirelessHART 物理层和数据链路层

WirelessHART 基于 IEEE 802.15.4 - 2006 2.4GHz DSSS 物理层，并且其协议完全遵循 IEEE 802.15.4 - 2006。随着无线电技术的发展，额外的物理层协议将容易添加。

WirelessHART 完全符合 IEEE802.15.4 - 2006 MAC 的要求。WirelessHART DLL 通过定义固定的 10ms 时间槽来同步调频，时分多路访问提供的冲突自由和确定性通信方式来扩展 MAC 的功能。为管理超帧，引入一组连续的周期性时隙。WirelessHART 网络中的所有超帧都会启动 ASN，0 为网络首次创建的时间。然后，每个超帧会根据其周期重复。在 WirelessHART 中，一个时隙交易的向量描述为：｛超帧标识，索引，类型（发送/接收/空闲），源地址，目的地址，信道值｝。微调信道使用，WirelessHART 引入信道黑名单，持续受干扰的信道可以放在黑名单中。这样，网络管理员就可以完全禁用在黑名单中的这些信道。为了支持跳频，每个设备通常会维护一个活动表。

2. WirelessHART 网络层和传输层

WirelessHART 网络层负责多个功能，其中最重要的是在网型网络中的路由和安全。WirelessHART 网络层主要负责移动端到终端的数据包。网络层还包括其他功能，如路由表和时间表。路由表按照图路由进行通信。时间表用于分配通信带宽给定服务，如发布数据和传输数据块。安全方面，它可以进行加密/解密的工作。

WirelessHART 传输层支持确认和未确认服务，为其提供可靠的、无连接传输的服务到应用层。确认服务允许应用层接口选择时，网络层把数据包发送过来，由终端设备确认，以便发起的设备可以重传丢失的数据包。而未确认的服务允许设备发送数据包（不经终端确认要求），因此无法保证成功分组传输。

3. WirelessHART 应用层

WirelessHART 利用 HART AL 命令。AL 命令包括通用命令、普通命令、设备命令及专用命令。通用命令包括 IEC61158 - 5 - 20 和 IEC61158 - 6 - 20，最小支持一个设备完成；普通命令增强整体设备的操作；设备命令可以进一步延伸设备的功能（例如温度、压力、流量、振动等）；专用命令被使用在特定制造功能和需求的操作上。因此，通过主机系统，手持设备等可以随时访问 WirelessHART。

5.3.3 网络元素及类型

在本场景中存在三种数据传输路径：控制器与 AGV 之间、AGV 与 AGV 之间、AGV 和传感器节点之间。因此，需要分析这三种方式的传输关系。

1. 控制器与 AGV（C2A）

控制器拥有一个任务管理模块去定义任务（制造和排序）、管理任务实施情况、工序和传感器节点的布局以及 AGV 的移动路径。当任务生成之后，控制器利用自动任务分配调度方法，通过接入点直接把该任务分配到相应的移动 AGV 设备。

2. AGV 和 AGV（A2A）

任务通过 C2A 接口指派给对应的 AGV，AGV 会按照自身的轨迹配送物料。在运行的过程中它们会接收到一些传感器节点数据，如果该传感器数据需要跨区域传送时，则 AGV 通过 A2A 接口向它的临近 AGV 发送请求，假设 AGV2 满足最优路由条件时，AGV2 向 AGV1 发送接收数据的请求，那么 AGV1 将数据发送给 AGV2，从而通过 WirelessHART 协议，实现 AGV 之间的协作型数据传输。

3. AGV 和传感器节点（A2N）

AGV 在配送物料中，在它们的行走轨迹附近存在干扰，导致某些传感器节点传不出数据成为孤岛，而 AGV 进入该簇内，则通过 A2N 接口接收该簇内节点的数据。直到有合适的机会，AGV 在它的通信范围内把这些数据通过 A2A/A2N 接口传给下一个对象。

5.4 面向任务调度策略

5.4.1 任务调度时间序列

在工业 4.0 环境中，车间设备的调配主要是由客户订单驱动，通过总控制器去管理分配任务，AGV 的行走轨迹被动地按照预先设定路径进行运动。总任务的时间分为两部分，即任务分配过程和数据传输过程。

1. 任务分配过程

该阶段主要基于控制器、接入点（Access Point，AP）和 AGV 之间的交互。主要是客户订单进入工厂控制器，控制器根据订单内容分解成任务，并根据工业生产、生命周期、客户订单以及装卸、运输和监控等不同流程的要求，控制器通过与 AP 交互的方式来制定和分配原材料的任务流程和路径分配。AGV 通过 AP 从控制器接收任务和反馈信息。一旦 AGV 开始执行任务，控制器将继续监视分配的任务。

2. 数据传输过程

该阶段主要涉及 AGV、传感器节点和基站（BS）。具体而言，AGV 按自身的轨迹行走的过程中，控制器会获取它们的相关消息。同时，传感器节点也会向 AGV 发送数据传输请求。如果 AGV 收到这个请求后，数据将通过中继的 AGV 或传感器节点经过多跳传递给 BS。

因此，该任务调度时间序列的详细过程可以用图 5-2 来表示。

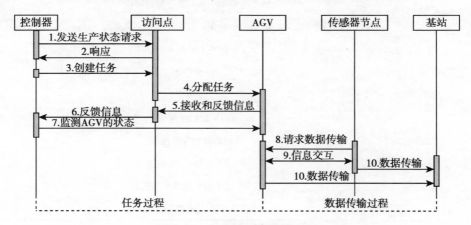

图 5-2　任务调度时间序列图

建模的原则主要考虑：①解耦合，既可全局考虑，又可局部分解考虑。②完备性，充分考虑隐藏因素，如：未知的任务、移动节点完成任务的时间、闲置的 Mas、任务和 MAs 的优先级等。③兼容性，根据任务来合理分配。

5.4.2 智能体的任务建模

1. 相关公式

当更多的客户订单进入车间时，利用可编程控制器来建立合适的面向任务的模型。因此，考虑任务队列和 AGV 的分配问题，其过程可分为两部分，相关的参数定义如表 5-1 所示。

表 5-1 参数设置

符号	定义
M	AGV 的集合
m_k	第 k 个 AGV
$Dist(m, Task)$	AGV 到工序的距离
T_n	当前时间
T_s	开始任务时间
T_e	执行任务中小车行走时间
T_t	执行任务中小车在工序停留时间
Z_k	第 k 个 AGV 的状态。其中 $Z_k=0$，空闲；$Z_k=1$，行走；$Z_k=2$，执行；$Z_k=3$，结束
$P_{R(i)}^{(j)}$	第 i 个任务中的第 j 个工序
$rt(i)$	第 i 个任务
RT	任务集合
v_A	AGV 的行驶速度
v_{node}	节点的数据传输速度
v_{AGV}	AGV 的数据传输速度
S_i	第 i 个任务所经过的网络链路
E_j	第 j 个节点的剩余能耗

（1）控制器根据该网络状态、AGV 的路径及工序来分配任务之间的关系。因此，任务排序与任务的优先级 $[Pri(rt(i))]$、AGV 的位置 $[loc(m_i)]$ 和链路状态 $[link(S_i)]$ 相关。因为任务的优先级可以减少负效应，提高任务调度的质量，因此，AGV 的合理分布可以解决这些节点的瞬时干扰，而反馈信号信息可用于解决连续干扰。公式如下：

$$S(RT)(F) = \frac{|\{t \,|\, \ln(f_1', \, f_2', \, f_3') \in F, \, t \in T\}|}{|RT|} \qquad (5-1)$$

$$f_1' = \max_{i=1,2,3,\cdots} (Pri(rt(i))) \qquad (5-2)$$

$$f_2' = \underset{i=1,2,3,\cdots}{aver} (loc(m_i)) \qquad (5-3)$$

$$f_3' = \underset{i=1,2,3,\cdots}{worst} (link(S_i)) \qquad (5-4)$$

其中，f_1' 是指按照优先级排序的相关订单，f_2' 代表 AGV 的分布，f_3' 定义为网络周围的环境，包括节点能量、链路状态、数据负载。

（2）一旦控制器制定好任务计划后，AGV 通过自身的工作路径来收集传感器节点的状态信息并传送给控制器。碰到突发情况导致网络失效时，AGV 可能考虑自身采用新方案，根据邻近原理、小车的状态来修复数据传输路径重新分配。公式如下：

$$D(RT)(F, \, M) = \frac{|\{m \,|\, \ln(f_1, \, f_2, \, f_3) \in F, \, m \in M\}|}{|M|}$$

$$(5-5)$$

$$f_1 = \min_{k=1,2,3\cdots} \{Dist(m_k, \, P_{R(i)}^{(1)}) \,|\, \forall Z_k = 0 \bigcup Z_k = 3\} \qquad (5-6)$$

$$f_2 = \min_{i=1,2,3,\cdots} \left\{1 - \frac{|T_n - T_s^{R(i)}|}{T_t^{R(i)} + T_e^{R(i)}}\right\} \qquad (5-7)$$

$$T_t^{R(i)} = \frac{Dist(m_k, \, P_{R(i)}^{(1)}) + \sum\limits_{j=1}^{n-1} Dist(P_{R(i)}^j, \, P_{R(i)}^{j+1})}{v_A} \qquad (5-8)$$

$$T_e^{R(i)} = \sum_{j=1}^{n} T_e(P_{R(i)}^j) \qquad (5-9)$$

其中，f_1 代表着 AGV 基于自身工作状态的邻近原则，f_2 为 AGV 的最短运行时间，$T_t^{R(i)}$ 代表小车在 i 任务的第一个工序到最后一个工序行走的时间，$T_e^{R(i)}$ 代表小车执行 i 任务时在各个工序停留时间。

2. 算法伪代码流程

（1）初始化任务算法。初始化算法主要是基于 f_1'、f_2' 和 f_3' 任务排序函数，主要用于工业任务的科学设计和排序。一旦控制器收到客户订单，订单应先进行分解，再根据任务来安排一些工序。算法 4 中的任务初始化算法主要概述任务排序队列的相关策略，目的是根据基于任务优先级的顺序、AGV 的分布及状态来为 AGV 选择合适的任务。

算法 4　任务初始化

1：InitTask ();

2：{;

3：　Queue_p＝Empty Queue；//队列初始化;

4：　　Foreach（task in RT）{//对每一个任务分解;

5：　　Compute f_1';

6：　　Compute f_2';

7：　　Compute f_3';

8：　　Sort Queue_p by function：S（）（）；//队列排序;

9：　　　}；

10：　　Foreach（task in RT）//控制器制定任务跟相应的 AGV;

11：　　{Design the task by sequence to mobile agent

12：　　　}；

13：　}

　　（2）重分配算法。在任务初始化排序的基础上，算法 5 中的重新分配算法针对实际环境中任务的动态变化的情况对动态任务分配进行设计，该算法时间复杂度为 $O(n)$。将最小距离和最短时间这两个参数合并为基于优先权的 D（）（）函数来表示 AGV 与任务之间的动态关联。

算法 5　再分配算法描述

1：Add Expand（RT）to Queue_p;

2：{　Function：S（）（）；　//任务排序;

3：　}；

4：　　Foreach（task in RT）{　//对每一个任务分解;

5：　　Compute f_1;

6：　　Compute f_2;

7：　　Function：D（）（）;

8：　　}

　　其中，f_1 是指基于 AGV 工作状态的邻近原则，f_2 代表着 AGV 的最短运行时间。

5.5　传输可靠性方法研究

在 5.4 节设计的移动智能体任务调度算法的基础上，通过优化移动智能体的移动工作轨迹，使得移动智能体能够更好地融入工业无线传感器网络中，配合传感器节点进行数据包的中继传递工作，更好地提高数据包传输的成功率和实时性。因此，本节考虑工业无线传感器节点的结构，将携带任务的 AGV 融入到网络中来设计相应的数据传输方法。

典型的工业环境包括生产、加工、包装、控制等多个区域，每个区域均部署有独立传感器网络用于监测区域内日常生产活动，并且不同区域至少有 1 条流水线，每条流水线上存在 1 到多个工序。每个流水线附近存在无线传感器网络数据采集节点（如图 5-3 所示），其工业无线传感器网络结构通常是以分簇形式存在的。

其分簇工业无线传感器网络结构是由多个簇头节点与簇内成员节点（普通节点）构成。簇内成员节点负责采集其覆盖区域内的环境信息，并将数据传输至所属区域内的簇头节点。簇头节点负责簇内信息的汇聚、数据处理以及数据传输的任务，除此之外，它还承担中继节点的功能，接收来自其他簇头节点的数据转发任务。所有采集数据都通过簇头节点以单跳或多跳的形式传输至 Sink 节点，然后由 Sink 节点将数据转发至用户（控制器）。

但是，工业环境复杂性会对无线传感器网络的工作和组成结构造成影响，问题如下：

（1）若簇内成员节点因故障或者电量消耗完，导致一些传感器节点的失效，并不会对整体的无线传感器网络的组成和工作产生根本的影响。簇内成员节点的部署较密、覆盖范围有许多重叠。因此，在采集数据过程中数据间会存在较多冗余。

（2）若簇头节点 2 因故障或者电量消耗完而导致的失效，则无线传感器网络结构会被分割，使得区域 2 变成数据孤岛。类似于簇头 2 的节点失效问题，会割裂自身的簇内节点与无线传感器网络之间的联系，簇内节点所采集的数据无法传出。

（3）若簇头节点 4 因故障或者电量消耗完而产生的失效，区域 2 将会变成数据孤岛。同样，类似于簇头 4 这样的中继节点失效情况，会引起小部分的网络隔断。

（4）若簇头节点 5 因故障或者电量消耗完而产生的失效，则区域 2 和区域 3 都断开与 Sink 节点的联系，从而变成数据孤岛。由图 5-3 可知，簇头 5 的节点是该无线传感器网络的中继汇聚节点，它的失效会引起大范围的网络隔断，使得整个无线传感器网络瘫痪。

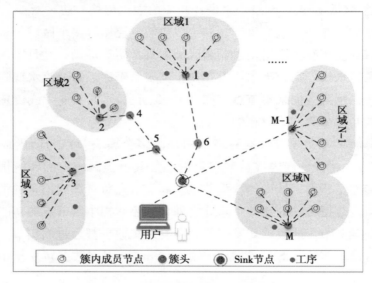

图 5-3 典型无线传感器网络工业场景

从图 5-3 可以发现，AGV 的物料输送线路事实上可以覆盖所有的传感器节点。因此，本章研究重点是当无线传感器网络中类似于 2、4、5 等簇头节点的失效时，根据第 3 章的拓扑演化，引入长程链接的概念，使得其 AGV 在进行物料配送时成为新加入节点参与到网络中进行数据传输。

5.5.1 基于临时链路的传输方法

当工业传感器网络的单个簇头节点失效时，邻居簇头节点以及其簇内成员节点将无法与其建立连接进行通信，轻则引起单个区域被隔离、网络传输中断，重则引起多个网络片区网络中断、整个传感器网络瘫痪。针对该情形，本节设计基于单个节点失效修复的临时链路方案。

临时链路方案（Temporary Link，TL）是指利用移动节点临时替代失效节点，自动与其原邻居节点进行组网建立连接，继而进行数据传输。以图5-4为例，AGV在轨道上执行控制器发送给它们的搬运和装卸任务。区域A内是无线传感器网络中单个簇区域以及簇内节点，椭圆内横虚线连接簇头节点2、簇头节点4和簇头节点5以及Sink节点。簇头成员仅相邻节点间可以通信。如果簇头节点4失效时，簇头节点2将无法把区域内采集数据通过簇头节点4传输至Sink节点；此时，携带任务的AGV将代替失效的簇头节点4与邻居其他节点进行通信。其中，椭圆曲线代表AGV行动轨迹M。临时链路模型进行网络连接修复，进行数据传递。

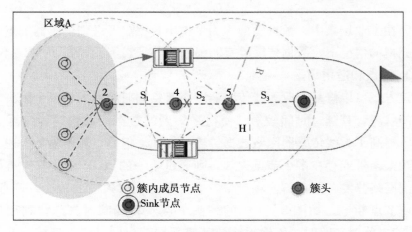

图5-4　临时链路方案场景图

1. 方案描述

如图5-4所示，由于簇内成员节点的数据通过簇头节点由相邻的节点传递到Sink节点。当簇头节点4失效时，簇头节点5又在覆盖范围之外，所以区域A处于数据孤岛的状态，即区域A内部节点采集的数据无法传输至Sink节点。在此情况下，提出一种利用AGV作为临时链路的方案，利用实际场景中AGV作业调度的时机，其他的运行轨迹可能同时被簇头节点2和簇头节点5所覆盖。但是，该方案有一定的局限性，必须满足以下条件才能进行自组织组网和数据传递。

假定 AGV 轨迹到簇头节点间连接水平线的垂直距离为 H，簇头节点通信覆盖半径为 R，小车的速度为 V。

（1）簇头节点 2 到簇头节点 5 的距离 L_1：

$$R < L_1 < 2\sqrt{R^2 - H^2} \qquad (5-10)$$

（2）AGV 能同时与簇头节点 2 和 5 组网的长度 L_2 为：

$$0 < L_2 < 2\sqrt{R^2 - H^2} \qquad (5-11)$$

（3）可同时组网的时间 T_1 为：

$$0 < T_1 < \frac{\sqrt{R^2 - H^2}}{V} \qquad (5-12)$$

（4）数据传输延时 T_2 为：

$$T_2 \approx 0 \qquad (5-13)$$

因在工业场景中，数据类型多为字符串数据。考虑到传感器节点链路带宽充裕的情况下，数据传输具有明显瞬时特征，因此，T_2 可忽略不计。

2. 优点和适用场景

该方案可以修复工业无线传感器网络节点同时组网内的单个簇头节点失效的状况，其延时时间较短，使得采集到的数据能够快速传递至 Sink 节点，提高了无线传感器网络数据传输可靠性。但是，若不满足上述 3 个基本约束条件或存在多个节点失效，则通过单一的 AGV 建立临时链路无法实现网络修复。而在工业场景下，多个节点同时失效的情况普遍存在，如区域节点断电。如图 5-4 中的簇头节点 4 和 5 同时失效，利用单一 AGV 建立临时链路时，依然无法与其原邻居节点同时建立连接，网络仍处于中断。因此，在 5.5.2 中提出一种改进方案：移动摆渡方法。

5.5.2　基于移动摆渡的传输方法

当工业无线传感器网络的多簇头节点失效时，多个邻居簇头节点断开连接，引发大面积的网络中断。针对该情形，本节将设计基于多个节点失效修复的摆渡节点方案。

摆渡节点方案（Mobile Ferrying，MF）是指利用携带搬运或装卸任务的移动节点（AGV）随着它的运动轨迹运动至簇头节点信号覆盖的范围内，将自动地与其发送请求、进行组网、建立链接，最后进行数据传输，然后 AGV 携带数据运动至 Sink 节点附近或方向的时候，与相邻的簇头节点或直接与 Sink 节点建立链接，从而完成传输数据任务和搬运或装卸任务。如图 5-5 所示，AGV 正在执行控制器发送给它的搬运或装卸任务。区域 A 内是工业无线传感器网络单个簇区域以及其簇内的成员节点，椭圆内横虚线连接簇头节点 2、簇头节点 4、簇头节点 5 以及 Sink 节点。当簇头节点 4 和 5 均失效时，AGV 运动至簇头节点 2 的信号覆盖区域内，可接收簇头节点 2 的数据，然后运动至 Sink 节点的区域内，可把数据传输至 Sink 节点，在此过程中应同时完成数据传输和搬运或装卸任务。其中，椭圆形的线路为 AGV 轨迹 M。A 点和 B 点为 AGV 运动轨迹与簇头节点 2 覆盖范围的交汇点，C 点和 D 点为小车轨迹与 Sink 节点覆盖范围的交汇点。这种方案在大面积网络中断时修复网络链接，建立数据通信，从而提高无线传感器网络数据传输可靠性。

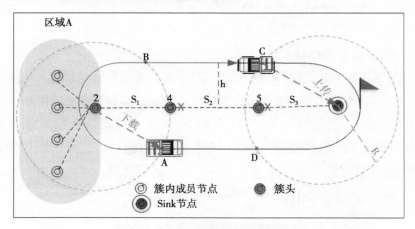

图 5-5　移动摆渡方案场景图

1. 方案描述

如图 5-5 所示，由于簇头节点 4 和 5 的失效，区域 A 处于数据孤岛，区域 A 内部节点采集的数据无法传输至 Sink 节点，因此采用移动摆渡方法进行可靠数据传输。因簇头节点 4 失效，簇头节点 2 与其无法建立连接，该数据传输中止并等待。当 AGV 运行在搬运或装卸任务的轨迹 AB 段时，簇头节点 2 与 AGV 建立无线连接并组网，此时簇头节点 2 的采集数据可传输至 AGV；随后 AGV 运行在搬运或装卸任务的轨迹 CD 段时，

Sink 节点与 AGV 建立无线连接并组网，AGV 把簇头节点 2 的数据传输至下一跳 Sink 节点，从而完成数据传输任务。

假定 AGV 轨迹到簇头节点水平线垂直距离为 H，簇头 2 到簇头 4 距离为 S_1，簇头 4 到簇头 5 距离为 S_2，簇头 5 到 Sink 节点距离为 S_3，AGV 与簇头节点建立连接是在当前轨迹重合的位置，AGV 左侧右拐的边到簇头节点 2 距离为 L。

则数据传输距离为：

$$S = L + \sqrt{R^2 - H^2} + 2H + S_1 + S_2 + S_3 + L - \sqrt{R^2 - H^2}$$
$$= S_1 + S_2 + S_3 + 2H + 2L \qquad (5-14)$$

若 AGV 在簇头节点 2 左边右拐，L 为正值；若 AGV 在簇头节点 2 右边右拐，L 为负值。由该公式可知，源节点传输距离跟它与目标节点的跳数有关，设 i 为跳数，则公式可变为：

$$S = \sum_{i=0}^{n} S_i + 2H \pm 2L \qquad (5-15)$$

2. 优点和适用场景

该方案可以修复无线传感器网络中多个簇头节点失效的状况，如图 5-6 所示，当节点 4 和节点 5 失效时，单一的 AGV 在移动的过程中接收到节点 2 的数据后，经过移动轨迹 M 达到 Sink 节点的通信范围（即 C 点），AGV 再把携带的数据传递至 Sink 节点。这种方法可以提升无线传感器网络的数据传输质量，一定程度上提高了网络的可靠性。

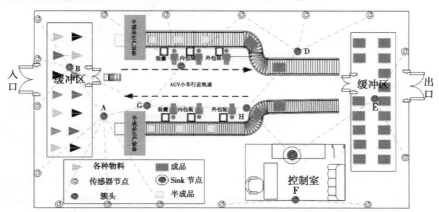

图 5-6　某医药公司的生产车间结构图

5.5.3　分析对比

为保障混杂工业网络环境下采集数据的传输可靠性，以某医药公司的生产车间为例，其结构如图 5-6 所示。结合各个车间作业的调度过程，分析该工业环境中的多种传感器节点动态生成自组织网络的演化过程，从而形成基于面向任务策略的网络传输可靠性方案，并进行两部分实验仿真：①以数据传输时间为评估指标，来对比临时链路和移动摆渡这两种方案的优劣性。②以 Sink 节点的接收数据包的数量为评估指标，来对比使用临时链路和移动摆渡方案前后的结果。

该车间包含两条生产线、一个物料缓存区、一个成品缓存区、一个控制室、一个 AGV、多类传感器节点和多种通讯设备。每条生产线包含一个半成品生产设备和三道工序（即装囊、内包装、外包装）。物料缓存区主要存放的是药物中常用的原材料。AGV 接到命令后先进入物料缓存区提取原材料，再到达工序区卸除原材料。所有工序完成后一部分成品将由 AGV 运至成品缓存区存放，在此过程中，AGV 会与部分传感器节点进行通信。传感器节点分为簇成员节点、簇头节点和 Sink 节点。其中，簇成员节点分为温度传感器、湿度传感器、压力传感器、振动传感器等，分别分布于车间四周；簇头节点位于车间顶部；Sink 节点安装在控制室。表 5-2 描述的是各簇头节点到它相邻节点的距离及运动轨迹。

表 5-2　簇头节点之间的距离

编号	节点轨迹	距离（米）
1	B→G	17
2	B→A	15.1
3	A→G	13
4	G→C	14.3
5	G→H	19.1
6	H→D	18
7	H→F	15.4
8	E→F	19.8

该 AGV 的实物跟踪采用惯性导航，即在 AGV 的预定轨道上（如图 5-6 中的轨道），系统通过惯性传感器实时获得它的姿态，并根据电流的姿态调整 AGV 操作控制参数，以实现路径跟踪。在此过程中，虽然惯性导航有累积误差，但可以通过绝对定位来修正，如磁钉和二维编码。并且工厂中的这些 AGV 具有即插即用功能，可以重复进行充电。

由于在车间调度过程中传感器网络可能出现单节点或多节点失效的情况，会导致网络链路断裂，影响数据传输的能力。因此，本节分别针对单节点、多节点失效情况展开讨论。为了模拟随机失效的相关情形，在每轮测试中随机关闭 1～2 个节点，分别用 AGV 的临时链路方案和移动摆渡方案分析并计算数据传输方案的延时时间，并结合两种方案根据现有的数据传输路径和测试案例去统计 Sink 节点的包接收率。根据表 5-3 测试单元来设定失效节点编号和数量。

表 5-3　测试单元说明

测试序号	移除节点数量	移除节点编号
1	1	G
2	1	C
3	1	H
4	2	G、C
5	2	A、B
6	2	C、H
7	2	H、D
8	2	G、H

1. 数据时延

图 5-7 为节点失效后，两种方案的数据传输延时时间对比示意图。由图可以看出，在单个节点失效时，临时链路方案（TL）的数据延时时间明显低于移动摆渡方案（MF），这时候采用临时链路方案要优于移动摆渡方案；而多节点失效的情况下，临时链路方案的数据延时时间趋近于无穷大，意味采用该方法数据链路无法被修复，因此，只能采用移动摆渡方案。但是也有个例，图中测试序号 5，由于 A、B、G 和 AGV 被覆盖于同一个信号范围中，A、B 区域的数据可以通过 AGV 直接传入到 G 中。

因此，在这种情形下，移动摆渡方案与临时链路方案区别并不明显。

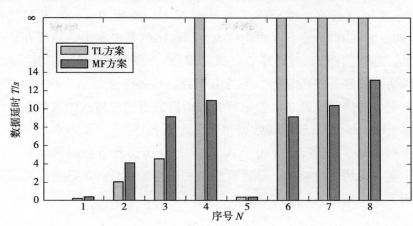

图 5-7　数据传输延时时间对比图

2. 接收数据包成功率

采用 AGV 充当中继节点传输数据与无 AGV 方案进行对比。本实验中使用以下设置：①假设 AGV 的通信范围为 25m，速度为 1.5m/s，其 AGV 的负载能力在这里暂不考虑。②AGV 在运行的过程中传给离它最近且工作的传感节点。③实验时间设置为 100s，1s 随机发包 5 个，数据包的大小为 35bytes。

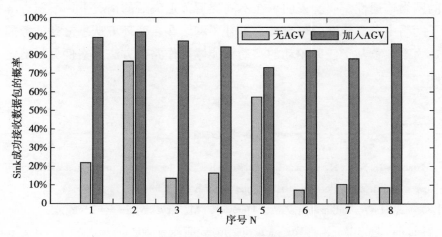

图 5-8　Sink 节点成功接收数据包率

Sink 节点成功接收数据包率是评价网络数据传输可靠性的重要指标，由图 5-8 可以看出，在节点失效的情况下，使用 AGV 的方案相比无 AGV 的方案，其 Sink 节点成功接收数据包率的效果突出，原因在于采用 AGV 的方案可有效解决局部节点孤岛现象，可利用 AGV 充当中继节点重构网络传输链路进行通信。但是由于数据包的传递与 AGV 的位置、速度、数量、通信范围及路由协议有关，所以数据包在传送的过程中存在机会概率[19]，因此并不能达到数据包百分之百传送给 Sink 节点。另外，在测试序列 2 和 5 的情况下，由于 AGV 和部分传感器节点的通信范围的局限性，两者无法进行通信，导致投递成功率与无 AGV 方案的效果相比并不特别明显。

5.6 本章小结

本章针对工业环境下无线传感器网络数据传输可靠性的相关问题，在混杂工业生产组织环境中，通过在工业无线传感器网络中引入移动节点（AGV），依托生产环境相关要素设计了任务调度策略，以此实现 AGV 配送物料流程的智能化，并提出了 AGV 配送任务时加入网络进行数据通信的两种方案，即移动摆渡和临时链路，用于保障单节点或多节点失效情况下的网络连通性。实验证明，在不同类型节点失效的情况下，所定方案提高了网络中数据传输的可靠性，提升了网络在多变环境从事复杂任务的能力，为第 6 章基于任务驱动的移动智能体协作路由方法及案例分析奠定了基础。

―――――――――――――― 参考文献 ――――――――――――――

[1] Matsuura I, Schut R, Hirakawa K. . Data MULEs: Modeling a three-tier architecture for sparse sensor networks [J]. IEEE Snpa Workshop, 2003, 1 (1): 30-41.

[2] Qadori H Q, Zulkarnain Z A, Hanapi Z M, et al. Multi-mobile agent itinerary planning algorithms for data gathering in wireless sensor networks: A review paper [J]. International Journal of Distributed Sensor Networks, 2017, 13 (1).

［3］ B. Aouni, G. d'Avignon, M. Gagnon. Goal programming for multiobjective resource constrained project scheduling ［M］. Handbook on Project Management and Scheduling, 2015 (1): 429－442.

［4］ C. Kang, B.－C. Choi. An adaptive crashing policy for stochastic time cost tradeoff problems ［J］. Computers & Operations Research, 2015, 63 (C): 1－6.

［5］ Kurdi M. An effective new island model genetic algorithm for job shop scheduling problem ［J］. Computers & Operations Research, 2016 (67): 132－142.

［6］ F. Habibi, F. Barzinpour, S. Sadjadi. A multi－objective optimization model for project scheduling with time－varying resource requirements and capacities ［J］. Journal of Industrial and Systems Engineering, 2017 (10): 92－118.

［7］ S. Karthikeyan, P. Asokan, S. Nickolas. A hybrid discrete firefly algorithm for multi－objective flexible job shop scheduling problem with limited resource constraints ［J］. International Journal of Advanced Manufacturing Technology, 2014 (72): 1567－1579.

［8］ N. Wu, C. Chu, F. Chu, M. C. Zhou. A petri net method for schedulability and scheduling problems in single－arm cluster tools with wafer residency time constraints ［J］. IEEE Transactions on Semiconductor Manufacturing, 2008, 21 (2): 224－237.

［9］ P. Pace, G. Aloi, G. Caliciuri, G. Fortino. A mission－oriented coordination framework for teams of mobile aerial and terrestrial smart objects ［J］. Mobile Networks and Applications, 2016, 21 (4): 708－725.

［10］ Lerman K, Jones C, Galstyan A. Analysis of Dynamic Task Allocation in Multi－Robot Systems ［J］. International Journal of Robotics Research, 2006, 25 (3): 225－241.

［11］ Torreño A, Onaindia E, óscar Sapena. FMAP: Distributed cooperative multi－agent planning ［J］. Applied Intelligence, 2015, 41 (2): 606－626.

［12］ Busoniu L, Babuska R, De Schutter B. A Comprehensive Survey of Multiagent Reinforcement Learning ［J］. IEEE Transactions on Systems Man & Cybernetics Part C, 2008, 38 (2): 156－172.

［13］ R. C. Luo, O. Chen. Mobile sensor node deployment and asynchronous power management for wireless sensor networks ［J］. IEEE Transactions on Industrial Electronics, 2012, 59 (5): 2377－2385.

［14］ D. Kim, Y. Hwang, S. Kim, G. Jin. Testbed results of an opportunistic routing for multi－robot wireless networks ［J］. Computer Communications, 2011, 34 (18): 2174－2183.

［15］ Y. Duan, W. Li, X. Fu, L. Yang. Reliable data transmission method for hybrid industrial network based on mobile object ［C］. in：International Conference on Internet and Distributed Computing Systems，Springer，2016：466－476.

［16］ Salam H A，Khan B M. IWSN－Standards，Challenges and Future ［J］. IEEE Potentials，2016，35（2）：9－16.

［17］ 董辉，杨录，张艳花. 面向工业现场监测的无线传感器网络结构设计 ［J］. 仪表技术与传感器，2017（2）：86－88.

［18］ Al－Yami A，Abu－Al－Saud W，Shahzad F. Simulation of Industrial Wireless Sensor Network （IWSN）protocols ［C］. Computer Communications Workshops. IEEE，2016：527－533.

［19］ Fu X，Li W，Fortino G，et al. A Utility－Oriented Routing Scheme for Interest－Driven Community－Based Opportunistic Networks ［J］. Journal of Universal Computerence，2014，20（13）：1829－1854.

第6章 基于任务驱动的移动智能体协作路由方法及案例分析

6.1 引言

第5章探讨的两种工业场景中 AGV 携带任务进行数据传输方法。运用 AGV 加入无线传感器网络确实可以增加一些额外链路，从而提升数据传输性能。但工业中存在各种干扰将导致工业传感器网络无线链路的不稳定。因此，如何利用这些移动智能体、甚至是人类，为无线传感器网络中的节点快速恢复链路进行数据传输是其关键问题之一。在工业环境下，二者融合后需要考虑可靠性的目的和效果主要涉及三个方面：

（1）拓扑控制方面，即拓扑构建和拓扑维护。一旦建立起最初的网络优化拓扑，网络开始执行它所指定的任务。但是每个任务都需要消耗节点能量，随着时间的推移，当前的拓扑已不满足最优状态，拓扑将会发生变化，特别是当加入移动体后，还需考虑移动节点的加入所引起的网络拓扑变化。

（2）路由算法设计，在传统无线传感器网络中的传输技术和路由协议，研究的应用场景不像现代工业环境复杂。在工业环境下数据传输需要考虑信道之间的干扰、外界温湿度等影响，使得路由算法能够更好地适应拓扑、链路的随机变化，更快地反馈给管理主机。

（3）介质访问控制协议方面，不同的无线环境、有线接入和多种网络下的链路访问变得异常复杂。因此，通过利用移动智能体来辅助无线传感器网络的节点通信，一方面主要为了提高它的数据传输的可靠性，另一方面也能提高工业物联网的灵活性。

基于上述分析，本章考虑工业场景中复杂环境因素（环境干扰、噪声干扰等）对无线传感器网络路由性能影响，考虑到诸如自动引导车辆（AGV）之类的移动智能，在工业场景中，提出了基于面向任务调度的模型，设计了一种基于混合工业无线传感器网络（即固定节点和移动节点）的解决方案。该方法主要包括一个启发式建模方法，用于分配将发送给控制器的任务和命令，以及一个利用特定轨迹上的 AGV 移动性的协同路由算法，从而改善网络的数据包的投递率、传输延时、吞吐量和能耗，保障网络的可靠性数据传输。

6.2　工业无线传感器网络存在的弊端

在工业环境下传感器节点的部署要根据工业设备的分布情况，导致工业无线传感器网络（IWSNs）的节点按区域不均匀分布，特别是簇首节点离汇聚节点较远的情况下，能量消耗很快；一些路由协议根据机会均等策略选取簇首节点，往往不充分考虑节点的剩余能量，导致簇首节点能量消耗速度加快；一些路由协议中，簇首节点向汇聚节点直接单跳传输，通信的开销很大，一些远离基站的节点能量消耗较快。

6.2.1　工业干扰环境的影响

除了第 5 章提出的特征以外，工业无线传感器网络还因工业生产任务需要，常具有多种通讯模式，并且除已部署的静态传感器节点外，还存在以 AGV 为代表的移动节点。因此，IWSNs 具有典型的混杂特征，即存在不同类型的传感器节点，但一些路由协议只考虑网络同构的情况，与工业环境的实际部署情况不符。并且当工业设备参数信息出现异常时，传感器必须迅速汇报给监控中心，并采取补救措施，这对实时性提出了较高要求，但是传统的无线路由协议不太注重这些特点。

同时，工厂内的无线通信环境比较恶劣，各类干扰是影响无线可靠性的主要因素。在工业无线传感器设备干扰方面，由电动机、逆变器、电气开关触点、点火系统、电压调节器、脉冲发生器、焊接设备、变频器、金属摩擦等引起的噪声、热噪声、无意信号等产生各种设备干扰源[1]。在链路干扰方面，节点在接收数据时，其一定距离范围内的邻居节点也可能发送数据，因此会出现链路冲突，使得源节点收到发送节点信号强度与收到干扰信号和噪声的比值小于阈值[2]。这两种情况主要是在从网络节点生成的无线电信号的传输被另一节点的无线电信号污染时发生。上述干扰可能导致期望的通信失败，并迫使发送方重复向目标接收方发送数据。这种重传过程不仅消耗了宝贵的能量资源，而且还给无线传感器网络增加了大量的等待时间。

6.2.2　典型的路由算法的缺陷及挑战

在工业场景中，由于传感器节点的布局依赖于工业设备的分布，会导致区域内的 IWSN 节点分布不均匀，因此，当簇头远离中继节点时，会产生快速的能量消耗[3]。图 6-1 描述了区域内节点和区域间节点的区别。

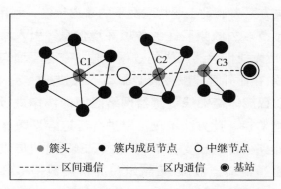

图 6-1　区内和区间的节点数据传输示意图

图 6-1 为区内和区间节点数据传输示意图。其中区域内的节点分布不均匀，包括一个簇头和多个簇内成员节点；区域间数据传输发生在簇头之间（如图中的 C1 和 C2 或 C2 和 C3 之间的数据通信）。当两个簇头不能直接通信时，由于距离的原因（即 C1 和 C2 之间的数据通信），将使用中继节点。在这种情况下，一些路由协议[3,4]倾向于根据公平的机会策略选择簇头，即：节点连接的概率相同，而不需要完全考虑节点的剩余能量。在这种情况下，簇头的能量消耗将会加快。另外一些集群节点倾向于通过单跳连接直接连接到中继节点，当一些节点远离基站[5,6,7]时，会导致更

大的通信成本和更快的能源消耗。因此，一个适合 IWSNs 的路由协议的有效设计应该着重考虑良好的能源平衡策略。

此外，工业生产线的性能对生产效率有直接影响，这不仅取决于单个部件，而且还取决于所需的工程过程、监测和维护服务。然而，只有少数路由设计或合适的解决方案考虑了流程布局和生产线环境。

总而言之，在路由设计过程中，应该特别注意生产线的布局和周围的环境，以便快速地调整 IWSNs 拓扑结构和链接的随机变化，从而更快地对管理主机进行反馈。所以本章中的工业无线传感器路由协议必须在能耗均衡、可靠性两个方面来统一设计。

在前期工作中，Luo 等人在文献 [8] 和 [9] 提出了一种新型的车间数据传输架构，但是该架构只能使用 AGV 传递延迟容忍数据。基于上述问题，本章在第 5 章的理论基础上考虑了其信号干扰的情况，提出了面向任务的协作解决方案去满足工业物联网下的数据传输，利用无线传感器网络中不同的传感节点去收集厂区的各项环境信息，引入移动智能体，即 AGV 来辅助完成无线传感器网络的数据传输。在基于面向任务的设计框架中，AGV 必须在任务管理服务策略驱动下行驶在厂区内。通过移动智能体网络、移动智能体与无线传感器网络之间的协作进行数据传输，完成工厂内的环境监控。此方法不仅可以进行延迟容忍数据传输外，面向任务的新型协作路由协议还支持 AGV 在 IWSNs 内的集成，以协助无线传感器网络高度适应节点故障/重新定位并扩展数据传输。最后，所提出的解决方案较廉价，因为 AGV 已被广泛用于车间环境中的物料运输中。

因此，本章的主要贡献主要有：

（1）设计了一种适合于工业场景的任务调度方法。

（2）提出了一种新的以任务为导向的协作路由方案，允许在高度干扰的工业场景中使用 AGV。

这种解决方案的新颖之处在于它提供实用方案的能力，这些方案来自可用的网络服务，包括任务调度服务、环境意识和数据传输服务，以定义和制定动态 AGV 路径。并且该方案通过工业场景的仿真实验，去验证噪声干扰环境下数据传输的可靠性是否提升。

6.3　面向任务的工业无线传感器网络协作路由协议

　　面向任务的路由算法，是指为移动设备设计具体的工作任务，让它们加入到无线传感器节点，在移动设备运动、交互和反馈信息的同时，不断更新移动设备的工作任务，而工业中的移动设备可以是 AGV、机器人、可穿戴的设备等。值得注意的是，在本节中订单指代用户的需求，而任务就是控制器根据订单中所需材料和每个工序的原材料数量来发放的 AGV 搬运物料的作业任务。

　　在第 5 章节的框架设计中，介绍了由于 AGV 的加入，其增加了一种数据传输方式，从而提高了数据传输及网络的可靠性，但是会造成大量的冗余。因此路由必须优化，选择一条合适的路由进行数据传输。其主要步骤如下：①当客户订单进入工厂后，控制器通过面向任务应用去建立任务模型，并选择该订单定制的任务时间、工序、AGV 运送物料的路线以及相应的设备编号等。当该任务制定和分配好后，根据控制器分配的相关信息去分配和传输相应的任务给相关的 AGV。②在保障应用层策略的前提下，为了提高网络数据传输的可靠性，AGV 在送货的过程中也加入到数据传输的行列，那么 AGV 和传感器节点之间会存在协作关系，数据包可选择更为合理的路由去进行传输。

　　在本节中，为 IWSN 提出了一个新的路由机制即面向任务和协作路由，包含传感器节点和 AGV。该机制可以节省节点能量，保证数据传输的有效性。最重要的是，这个协议可以有效地提高网络的可靠性。通过在协议中增加 AGV 协作，设计合理的分层网络架构，可以根据科学的任务管理和分配，避免数据传输中的链路故障。本章主要针对两种情况导致的链路不稳定的问题进行研究，如图 6-2 所示。

　　图 6-2 (a) 显示了区域 A 是一个单独的簇域，包含了多个簇头（编号为 2、4、5 节点）。而虚线部分连接了簇头 2、4、5 和 Sink 节点。簇头节点仅和相邻的节点相连。当簇头 4 和簇头 5 之间存在干扰，则链路 2 的传输信号不稳定。图 6-2 (b) 显示了当 AGV 加入到数据传输的过程中，如果存在干扰，链路产生中断，导致此时的数据传输失效。基于这两种情

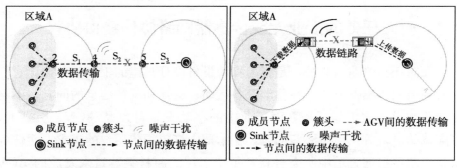

（a）传感器节点间的链路不稳定　　　　　　（b）AGV 间的链路不稳定

图 6-2　链路不稳定的情况

况，本章设计了一种有效的协作路由算法。具体的步骤可分为三个阶段：

（1）IWSN 的自组织阶段；

（2）移动智能体 AGV 的管理和任务的调度；

（3）操作阶段。

6.3.1　自组织阶段

根据工厂的不同运行区域，IWSN 覆盖区可分为加工区、产品的储存区、AGV 的停车区、中央控制室等。网络自组织阶段开始后，将进行簇域的选举和簇头选举。这个初始化阶段包括以下过程：

1. 划分作业区域

根据工业环境的科学合理设计思想，结合无线通信节点的科学部署，为便于移动智能设备执行相关工作任务，按照节点的通信半径和范围，把工业无线传感器网络的覆盖区域划分成不同比例的区域。

又由于分配簇头节点和集群重组会浪费很多能量，而每个工厂涉及的领域、布局和流程不同，所以根据实际工业场景，以及自动化设备、信息化设备易于部署和操作，以科学性和低成本部署整个工业环境，精心设计使得每类（个）工业区域合理化地分布，如：依据生产流水的过程、利用区域集中的方法合理分布等。在本章中，AGV 需要协同传感器节点进行传输数据。然而，在之前的研究中，AGV 和传感器节点之间遇到的问题是某些传感节点的数据无法瞬间传输到 AGV 上。考虑到 AGV 在工序内卸货的停留时间足够 AGV 和周围的传感节点完成数据传输，因此，可按照实际工业场景中工序的数量和位置科学部署簇头的位置和数量。

2. 簇域和簇头之间的选举

考虑到工业场景中传感器布局的区域分布，要根据各个工作区域来分别进行簇头选举和分簇。在早期阶段中，由于每个传感器节点的能量是一致的，所以只可以考虑区域内节点的位置和通信范围来进行选举。选举的过程主要有以下两方面，即：簇头选举和簇头更新。

（1）簇头选举。可以根据公式（6-1）来计算

$$CH_{selec} = \max_{\substack{j=1,2,3,\cdots \\ \forall n_i \in F_s}} \left\{ \frac{E_j}{w_1 Dist(n_j,\ m) + w_2 Dist(n_j,\ BS)} \right\}$$

$$(6-1)$$

其中，F_s 是厂房内第 s 个工作区域。$Dist(n_j,\ m)$ 表示从第 j 个节点到该区域 m 的中心的距离。$Dist(n_j,\ BS)$ 表示从第 j 个节点到基站的距离。E_j 表示第 j 个节点的剩余能量。w_1、w_2 代表对应的权重，其值为 $w_1 + w_2 = 1$。

（2）簇头更新条件。簇头的频繁更新不仅会改变簇域的面积，也浪费了很多传感节点的能量。如果完成传输这一轮结束后，该簇头能量小于全部平均能量，簇头将重新选择如下：

$$E_c < E_e(F_s) \qquad (6-2)$$

$$E_e(F_s) = \sum_{i=1}^{N} E_i / N \qquad (6-3)$$

其中，E_c 为某簇内的簇头剩余能量，$E_e(F_s)$ 是该第 s 簇内 N 个节点的剩余能量的均值。

在本章中控制器具有监控过程的功能，其传感器剩余能量计算跟节点的位置、生成数据包数据和工作状态有关，并且基站将定期查询所有节点的能量。

6.3.2　移动智能体 AGV 的管理和任务的调度阶段

为了将移动智能体 AGV 作为移动节点参与到工业无线传感器网络中进行数据传输，AGV 优先部署在复杂的信号不稳定环境的各个作业区域

中。然后，采用客户订单分解的任务管理去执行对应的工作任务。在这个过程中，AGV 的任务调度和管理方法受自身工作的一些因素影响，即自身因素、外部因素和其他因素（如表 6-1 所示）。

表 6-1　AGV 工作的一些影响因素

自身因素	任务的到达时间
	任务的优先级
	任务执行时间
外部因素	工序的位置
	不稳定链路的位置
	失效节点的位置
其他因素	AGV 的通信范围
	区域内节点的平均能量

与分簇的集中式控制类似，任务管理也采用控制器集中控制方式。通过采集客户订单分解成多个任务、基于厂区环境元素、无线传感器网络的节点分布以及任务的优先级顺序等因素去综合设计任务的分配和移动设备的调度，如图 6-3 所示。具体步骤如下：

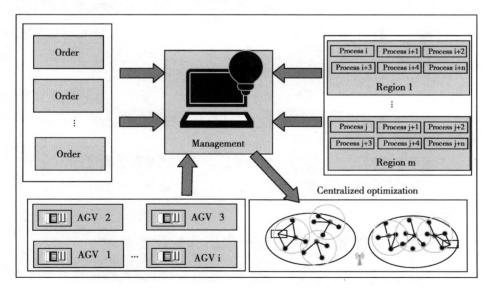

图 6-3　任务和 AGV 调度策略

1. 任务初始化阶段

在最初阶段，任务管理收集所有来自客户订单、工艺单元和 AGV 等相关信息；然后把订单进行任务分解，再分析各个工序的区域和任务的操作时间，以及 AGV 的位置分布；最后把各个任务下派给相匹配的 AGV。

在第 5 章的智能体任务建模的基础上，表 6-2 的任务初始化算法模型设计中，仅考虑了多任务和各个 AGV 的匹配，合理地设计了 AGV 的任务，其中包括任务优先级的顺序、移动智能设备、移动设备的轨迹、移动设备和其他设备的运行时间。具体的参数解释请参照第 5 章 5.4.2 节。

表 6-2 任务分配算法

1：	$Queue\_agv=null$;
2：	while $rt\,(i)\in RT$ do;
3：	Compute $Pri\,(rt\,(i))$;
4：	Sort RT according to $\max\limits_{i=1,2,3,\cdots}(Pri\,(rt\,(i)))$;
5：	$end\ while$;
6：	$while\ RT!=null$ do;
7：	if $(m_k\in M$ and $|Queue\_agv|==|M|)$ then;
8：	Waiting until $Z_k==3$;
9：	remove m_k to $Queue\_agv$;
10：	continue;
11：	else;
12：	if $(\{Dist\,(m_k,\,rt\,(i))\mid \forall Z_k=0\bigcup Z_k=3\}==min)$ then;
13：	$rt\,(0)$ is allocated to m_k;
14：	add m_k to $Queue\_agv$;
15：	m_k working;
16：	remove $rt\,(0)$ to RT;
17：	end if;
18：	end if;
19：	end while

表 6-2 的算法主要思想是控制器一旦收到客户订单，订单首先被分解，然后安排相关的过程。其过程分为：①任务排序队列策略是基于任务

分配的优先级的顺序；②当多个 AGV 任务完成或空闲状态时，找离其任务工序路径最短的 AGV 去执行，并使 AGV 进入工作队列中；③任务完成后，该 AGV 和任务分别被移除各自的工作队列，此 AGV 等待下一次任务分配。其任务分配算法流程详见图 6-4。

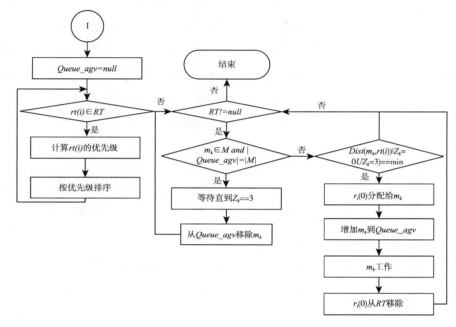

图 6-4   任务管理和 AGV 调度策略流程图

2. 任务动态调度

在任务的驱动下，移动智能设备的位置随着时间不断变化，移动设备行驶在自己的任务轨迹上，源地址是任务开始时移动设备所处的位置，即移动智能设备停放区或前一任务的位置区域，目的地址是当前任务的目标服务区域。在移动智能设备行驶的过程中和在服务区域停留的过程中，充当无线传感器网络的中继节点，加入到工业无线传感器网络中进行数据传输。

6.3.3   操作阶段

工业无线传感器网络的分簇初始化与预先建立的任务和 AGV 路径有

关。移动设备的运行状态、速度、停留时间、簇内节点状态等因素来决定了 AGV 是否加入到该簇中。由于 AGV 具有短时间的接触特点，因此，在改进的能量平衡路由算法[10]中考虑了两方面因素：一是需进行下一跳的对象（AGV 或传感器节点）与它们通信范围内成员节点的连通度，二是该中继节点的转发能力。其中，某个节点间的连通度为 0 时，表示该下一跳的节点为干扰节点，将该干扰的节点被标记为 1，从而不考虑该节点的转发能力。其余节点均进行转发能力对比，具体计算过程如公式（6-4）所示。

（1）在任务周期 t 中 AGV 与节点或其他 AGV 的遭遇概率：

$$EP_t(x, y) = EP_{t-1}(x, y) + [1 - EP_{t-1}(x, y)]/\Delta t \qquad (6-4)$$

其中，Δt 是两次节点相遇之间的时间间隔，而 x 和 y 分别代表 AGV 或传感器节点。

（2）由于转发能力受到遭遇概率、剩余能量和传输时间等多种因素影响，有必要将转发节点的剩余能量归一化为：

$$E_r(x_t) = \begin{cases} \dfrac{E_s - E_e(F_s)}{E_j - E_e(F_s)} & E_c \geqslant E_e(F_s) \\ 0 & \text{其他} \end{cases} \qquad (6-5)$$

其中，E_s 和 E_j 分别是转发节点的剩余能量和初始能量；$E_e(F_s)$ 是所有节点的剩余能量的均值。

（3）从相遇节点的信息获得转发能力，即：

$$FA(x, y) = EP_t(x, y) + E_r(x_t) \qquad (6-6)$$

在该研究中，控制器具有监测功能，节点的剩余能量的计算是基于节点的位置、发包数和工作状态。为了进行精确的能耗实验，设置每 0.9 秒基站收集所有节点的剩余能量。

在路由协议设计的过程中，主要考虑如下两种情况：

（1）通常情况下，如果节点携带数据包，则将其数据发送给簇头节点，簇头节点通过多跳传输到基站。如果 AGV 进入到该簇内，携带数据包的节点将在通信范围内传输到该 AGV，并且该 AGV 在它的通信范围内通过无线局域网（WLAN）直接传递到下一个转发能力最强的节点，然后多次跳转到转发能力强的节点最终传递到基站上。

（2）异常的情况是，当一些携带数据包的节点遇到不稳定的链路时，数据不能传输到簇头节点。则该节点会向邻居节点发送一个请求。如果相邻的 AGV 捕捉到这个请求，则该数据将直接从节点传送到 AGV，并选择它周围转发能力强的节点，然后通过多跳传送到基站。另外，如果传输过程中 AGV 链路不稳定，移动中的 AGV 就会向它的邻居节点发送请求。如果存在具有强大转发能力的传感器节点，数据包将进一步传送到该节点，并最终通过簇头节点发送到基站。值得注意的是：如存在强大的转发能力 AGV 的情况下，数据分组将优先传送到该 AGV，并且通过多跳最终发送到基站上。

具体的过程详见图 6-5 协作路由设计流程。

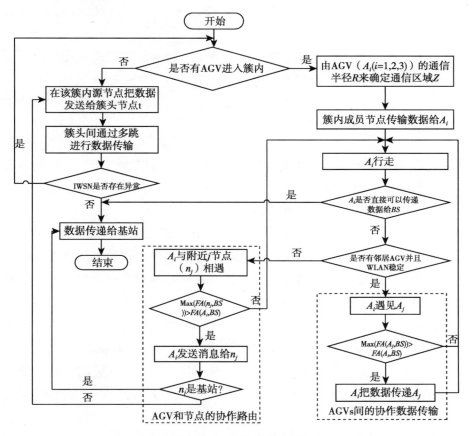

图 6-5　协作路由设计流程

6.3.4 图路由与协作路由对比

基于 WirelessHART 协议的图路由（Graph Routing，GR）是由网络节点之间的链接组成路径的图形。每个图中的路径都是通过网络管理员下载到每个网络设备创建起来的。为了发送数据包，源设备在网络路由包头上写入一个特定的图形 ID（由目的地确定）。到达目的地前，所有网络设备必须通过特定邻居节点的图形信息来预先配置，在此基础上实现数据包的转发[11]。

本节所涉及的协作路由（Collaborative Routing，CR）方法与图路由的优缺点比较包括以下四个方面[11]，如表 6-3 所示。

表 6-3 路由方法与图路由的利弊

采用的路由方案	图路由
优点：考虑了邻居节点的转发能力	缺点：没有考虑邻居节点的转发能力
优点：易扩展	缺点：动态网络不太适合
优点：引入了 AGV 从而节约了能量	缺点：高冗余性浪费一些能量
优点：当遇到干扰的时候可以快速地选择路径	缺点：遇到干扰时，网络性能会降低
缺点：需要 AGV 的支持	优点：不需要 AGV

首先，在传统的图形路由中，发送数据没有考虑邻居节点之间的转发能力可能带来的一些不稳定的因素，比如一些节点会因此消耗更多的能量。而在本节所提出的路由方案中考虑了邻居节点的转发能力，使得所有节点的能量相对均衡。

第二，现有的图形路由方法使用集中式，导致在网络动态下，一些指标方面不能很好地发挥作用。而所提出的路由方案中 AGV 具有自适应能力，可以自动添加到这个网络中替换一个节点去发送相关的数据，这使得它适合于工业现场的动态网络。

第三，在图路由方法中高冗余会导致更多的能源消耗。所提出的路由方案通过引入 AGV 节点，可以更有效地降低传感器的能耗。

第四，现有的图路由方法在多协议共存下的情况下，其网络性能会下降。相反，在提议的方案中，噪音干扰被考虑，因此，节点在传输数据的过程中，能够很快选择另一个合适的路径。在这情况之下，网络性能不会受到太大的影响。

6.4 仿真结果

6.4.1 仿真平台介绍

Omnet＋＋是一个免费的、开源的多协议网络仿真软件，在网络仿真领域中占有十分重要的地位。Omnet＋＋英文全称是 Objective Modular Network Testbed in C＋＋，是近年来在科学研究和工业领域里比较流行的一种基于组件的模块化的开放的网络仿真平台。Omnet＋＋作为离散事件仿真器，具备强大的完善的图形界面接口[12]。

Omnet＋＋主要由六个部分组成[13]：仿真内核库（Sim），即管理仿真过程和仿真类库的代码，使用 C＋＋编写；网络描述语言的编译器（nedc），即使用参数、门等描述性模块；图形化的网络编辑器（GNED）；仿真程序的图形化用户接口（Tkenv）和仿真程序的命令行用户接口（Cmdenv），该接口在仿真执行的时候使用，方便调试和演示；结果图形化的输出工具（Plove 和 Scalar），即实验结果数据图形化。Sim 是仿真内核和类库，用户编写的仿真程序要同 Sim 连接。而模块与模块间数据传输可以通过门或线路直接发送信息给目标点或通过预先的路径。其具体的工作流程如图 6-6 所示。

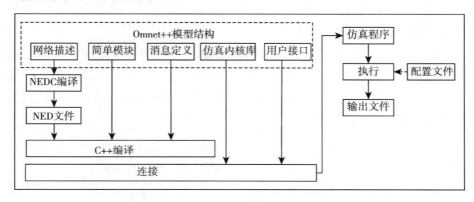

图 6-6 Omnet＋＋仿真软件具体工作流程

6.4.2　仿真实验设计

1. 实验环境

为保证混合工业网络环境下数据传输的可靠性，以某学校的生产车间（500m×130m）为例，如图6-7（a）所示，说明该方案的优点。该车间包括二种网络：WirelessHART 和 Ethernet。图6-7（b）显示了工业无线传感器的网络布局，共有40个温度、湿度和压力的无线传感器位于该区域。工厂具有三个 AGV，多个轨迹相互排斥。需要注意的是，该 AGV 只能跟随一个轨迹并可以向前向后的方式进行移动。

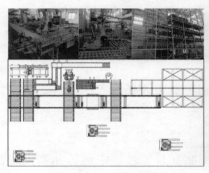 

（a）车间布局　　　　　　　　　　　（b）传感器布局

图6-7　整体布局方案

该生产车间从事小型微动开关的生产，其主要工作流程如图6-8所示，其详细步骤如下：

小型微动开关外形尺寸通常较小（一般在10mm左右），其簧片厚度在0.1mm左右且易变形。因此使用塑料为基体，在成型前，将簧片预装入模腔中，使融化的材料与簧片结合固化，形成金属塑料一体化制件。因此，微动开关装配需要电机壳、轴心和弹簧三种装配件。首先，库存或者外购的电机壳进入装配车间，并对成箱包装的电机壳根据生产需求进行分拣，得到电机壳、箱子和托盘。然后，箱子送入喷漆单元根据作业计划喷漆（红色或者蓝色）；托盘送入回收中心等待成品入库；根据生产计划把电机壳和不同种类的弹簧、固件进行装配得到不同种类的微动开关（红色微动和蓝色微动）。其次，把不同种类的微动开关装入相匹配的箱子。最

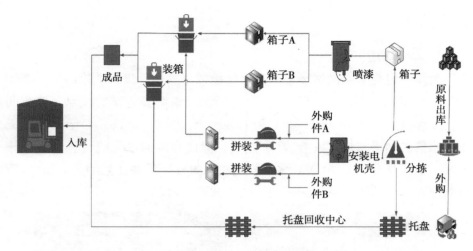

图6-8　微型开关工作流程

后，把已装箱微动开关按照不同批次和种类装入托盘入库。由此得出其工序分为8部分。

2. 实验设置

由于硬件平台配置限制，该解决方案在真实环境中运行和测试需要一定的时间。因此，在这里先用仿真的方式去测试该方案的性能。首先，以本车间现有的方法（图路由协议）在 Omnet 4.6++仿真平台中改进 Castalia 模型[14]进行实验测试，再添加随机干扰，然后与本节提出的解决方案进行比较。仿真界面如图6-9所示，其中传感器节点的网络和 AGV 位置是通过 Omnet++中的 .ned 文件进行布置。在这个实验中不考虑以太网的干扰，因为以太网的传输相对稳定。其实验内容包括：①丢包率及接收包数；②端对端延迟时间评估；③吞吐量评估；④能耗评估。

实验设计过程包括：①原网络为无线传感器网络 IEEE 802.15.4 中的 WirelessHART 协议和以太网的 IEEE 802.3ab 协议，AGV 定位和工艺布局通过网络管理安装在 Omnet4.6++中，按照上述的小型微动开关的工作流程，工作区域被分为8个工序。对应的工序划分图如图6-10所示。②这个最原始的网络拓扑结构按照表6-4生成。③在实验中优先任务的顺序是随机产生的。

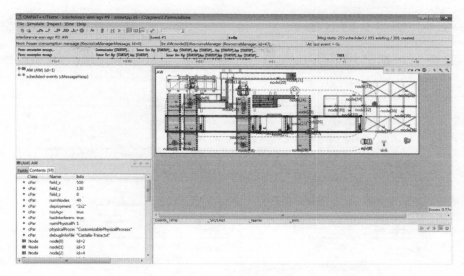

图 6 - 9　仿真软件界面

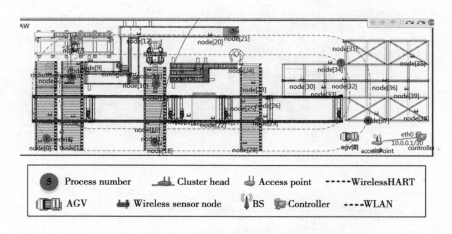

图 6 - 10　原始的网络和工序布局

表 6 - 4　测试单元描述

序列号	行为
1	在加入随机干扰的环境下，使用车间采用的图路由方法
2	在随机干扰的环境下采用按照面向任务的方法

6.4.3　仿真实验过程

　　本节详细叙述了该方案在 Omnet4.6＋＋中具体实施的四个过程（图 6-11）。其中：

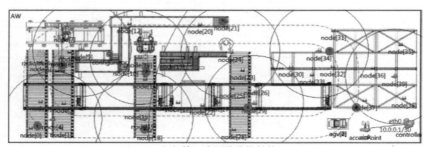

（a）第一次网络分簇结构

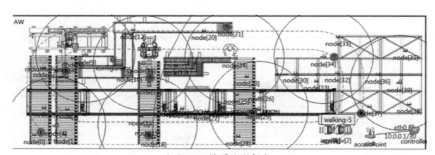

（b）AGV接受配送任务

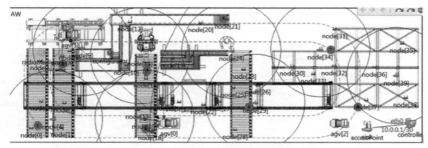

（c）AGV执行配送任务且进行数据传输

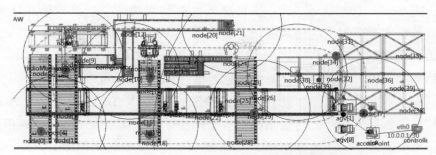

（d）AGV和簇头节点与基站数据传输

图6-11　协作路由的仿真示意图

图6-11（a）显示了首次分簇后的整个网络拓扑结构。该车间根据工序的个数总共分成8个簇域，并采用本节提出的簇头选举方法来选择各个簇内的簇首节点，而AGV在停泊区等待控制器的任务命令。

图6-11（b）显示这些AGV从控制器接受任务开始工作，例如：控制器给AGV0和AGV1分别分配任务，即：AGV0行驶至工序3，AGV1行驶至工序5。实验中的任务和编号由控制器随机生成。该实验运行时间为100s（该仿真的基本时间单位为ms）。在此期间，控制器将产生上百个订单和多个回合。这些AGV将按照本章提出的方法施行高优先级和低优先级的订单。为了方便后续能耗计算，任务的每一个回合为三个AGV从控制器收到任务消息后一直工作延续到基站收到所有节点能耗的反馈信息为止。该实验设置一回合为0.9秒，即每0.9秒基站会自动收集一次所有节点的剩余能量。因为订单量过大，本节中只截取了前两次回合中的订单编号、工序号和优选级顺序，见表6-5。

表6-5　前两次的任务信息及优先级

订单	任务（工序）	优先级
#1	3	1
	5	1
	2	1
#2	2	0
	7	0

图 6-11 (c) 显示 AGV 接收到来自控制器的命令后执行传送任务，并且根据本章所提出的路由协议，簇内的成员节点与该轨迹上的 AGV 进行通信或 AGV 和 AGV 之间相互通信。即显示了节点 15、16、18 和 AGV0，AGV1 和 AGV0 之间的数据通信过程。

图 6-11 (d) 显示了两种情况：①基站在 AGV 的通信半径内，AGV 与基站的数据通信；②与基站在同一个簇中的簇头节点与 AGV 的通信过程。也就是说，这些数据由 AGV1 和簇头 37 直接传送到基站。另外，在完成配送任务后，AGV0 返回原始位置。

6.4.4 仿真实验结果

这个车间的传感器类型主要包括温度、湿度和压力的传感器，它们都采用的是符合 IEEE 标准的 CC2420 收发器[15]。每个节点的电源由两个 3V 电压的电池供电。表 6-6 描述的是现场布局和设备性能的参数及网络参数。网络初始化时其网络信号很好，在运行过程中，按照文献［16］中的支持 IEEE 802.15.4 标准的无线通信表，通过解调接收信号的 SNR ［0dB，6dB］来随机干扰网络。

表 6-6 设备和网络参数

参数	数值
无线电收发器	CC2420
Mac 协议	802.15.4、802.11.b
无线传感器节点数	40
AGV 个数	3
基站	1
节点的通信范围	85m
AGV 的通信范围	100m
节点的初始能量	18.72kJ
传输消耗能量	17.4mA
接收消耗能量	18.8mA
工作电压	3.3V
休眠消耗能量	$426\mu A$

（续）

参数	数值
数据包长度	35bytes
工序数量	8
AGV 的速度	1.5m/s
节点数据传输速率	250kbps
以太网数据传输速率	100Mbps
路径衰减系数	2.4
接收敏感度	−95dBm
底噪初始值	−100dBm
信噪比	［0dB，6dB］
运行时间	100s

1. 丢包率

丢包率和接收包数分别通过基站接收到源节点发送的数据包个数和源节点向基站发送数据包的总数来测量。本次实验主要是在随机干扰下，对 40 个节点进行 10 次重复试验，得到节点的投递率的均值（每次运行 100 秒），其结果如图 6-12 所示。

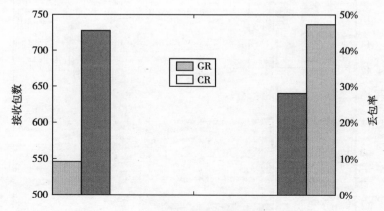

图 6-12　40 个节点向基站传递数据的投递率

从图 6-12 可以明显看出，由于 IWSN-AGV 在受信号干扰的时候，所提出的方案中传感器节点和 AGV 的协作数据通信，其数据包的投递率还是很高的。但是相比于传统的图路由来说，其丢包率降低了将近 20%，其接收包数大约提高了 30%。这些归功于 AGV 和传感器间的新型传输特征。实验结果证明了通过使用所提出的集成方法可以提高 IWSN 环境中的数据可靠性。

2. 端到端的延时时间评估

在该模拟中，端到端的延迟时间被定义为通过多个中继节点发送数据包到目的地的延迟时间。所提出的路由协议的实时有效性是由延时的最小值来决定的。

图 6 - 13 显示了这两种情况下的最大延迟时间。可以看出，干扰使得数据传输延时存在大的波动。但是提出的方案在干扰的情况下，AGV 与传感器节点协作的方法依然在很大程度上降低了网络的延时性。为了确保实验结果的合理性，实验以这两种方法对每个源节点进行了 10 次实验来计算端到端延迟时间的均值，结果如图 6 - 13（左上角的子图），所提出的 CR 方法与 GR 方法相比，其平均端到端延迟降低约 82%。

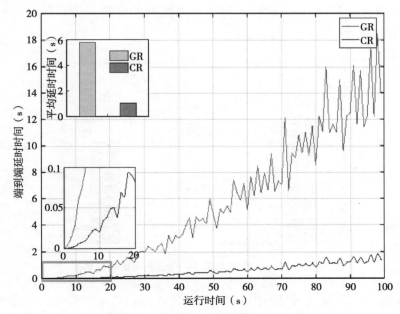

图 6 - 13　所有节点向基站发送消息的延时时间

3. 吞吐量的评估

吞吐量与数据生成速率有关，其单位为每秒位数。图6-14显示了第一次仿真（100s）所得出的吞吐量值。可以明显看出，CR算法的曲线波动明显好于GR算法。为了确保这个结果的合理性，同样实现10次实验，模拟运行得到吞吐量的平均值（参见图6-14中的子图）。具体而言，所提出的CR算法与GR算法相比，平均吞吐量值CR约高出25%。降低波动和提高吞吐量主要是因为提出的CR算法允许AGV加入IWSN进行数据传输。当干扰较大时，AGV可以将数据传送到干扰较小的位置，从而更好地执行数据传输。

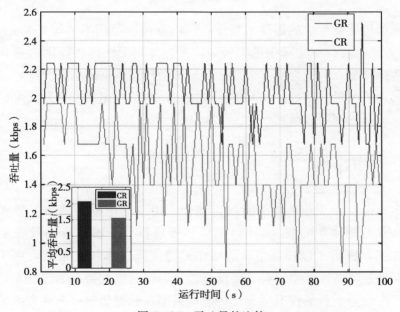

图6-14　吞吐量的比较

4. 能量评估

能量的消耗是路由协议的重要性能之一。在该方案中，AGV的能量消耗是不用被考虑的，因为它自身具有即插即用的功能，可以在工作中持续很长时间。能量消耗可以通过无线传感器节点的三个状态来计算，即：睡眠、发送和接收状态。

图6-15显示了两者之间能量的比较。由于该模拟过程中，BS自动

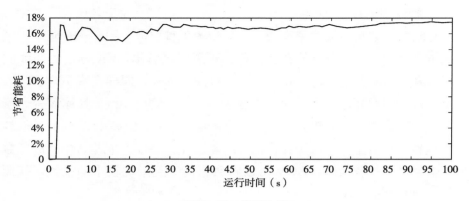

图 6-15 能量比较

收集每个传感器节点的能量消耗值，可以看出，使用本节策略的 IWSN - AGV 方法明显好于实际中的 IWSN。因为工业无线传感器网络遇到干扰时，传感器节点可能会引起失效，导致重新传输数据或重新分簇，会大量浪费节点的能量。因此，与 GR 算法相比，本章提出的 CR 方法可以节省 15%～18% 的网络能量。

6.5 本章小结

本章以实际工业环境为背景，结合了生产制造中的订单任务和移动体任务执行等生产要素，运用 AGV 和传感器节点协作传输数据架构的解决方案，提出了以任务驱动的协作式路由算法和相关策略，用于工业物联网场景可减少能量消耗、降低传输延迟以及增加数据的投递率，并且解决了在信号干扰的情况下无线传感器网络在数据传输可靠性方面的相关问题。另外，仿真参数采用了车间所使用的 CC2420 传感器性能参数，SNR 范围采用的是工业 802.15.4 协议的标准值[16]，利用工业领域中流行的 Omnet4.6++ 仿真测试工具通过自定制编程搭建实验平台，解决了工业场景中无线传感器网络测试平台缺乏的问题，并选择典型的工业生产制造企业为部署环境，通过仿真实验证明，该方案提升了网络数据传输的性能。

参考文献

[1] 武翠梅. 基于工业无线传感器网络的多信道 MAC 协议研究与设计 [D]. 北京：北京工业大学，2013.

[2] Goussevskaia O, Oswald Y A, Wattenhofer R. Complexity in geometric SINR [C]. ACM International Symposium on Mobile Ad Hoc NETWORKING and Computing, MOBIHOC, Montreal, Quebec, Canada, September. DBLP, 2007：100 - 109.

[3] Qing L, Zhu Q, Wang M. Design of a distributed energy - efficient clustering algorithm for heterogeneous wireless sensor networks [J]. Comput Commun, 2006, 29 (12)：2230 - 2237.

[4] Duan Y, Li W, Fu X, Yang L. Reliable data transmission method for hybrid industrial network based on mobile object [C]. in：International Conference on Internet and Distributed Computing Systems, Springer, 2016：466 - 476.

[5] Leu J S, Chiang T H, Yu M C, et al. Energy Efficient Clustering Scheme for Prolonging the Lifetime of Wireless Sensor Network With Isolated Nodes [J]. IEEE Communications Letters, 2015, 19 (2)：259 - 262.

[6] Zhao J, Qiao C, Sudhaakar R S, et al. Improve Efficiency and Reliability in Single - Hop WSNs with Transmit - Only Nodes [J]. IEEE Transactions on Parallel & Distributed Systems, 2013, 24 (3)：520 - 534.

[7] Duan Y, Luo Y, Li W, et al. A Collaborative Task - oriented Scheduling Driven Routing Approach for Industrial IoT based on Mobile Devices [OL]. ad hoc networks, 2018, https：//doi. org/10. 101 6/j. adhoc. 2018. 07. 022.

[8] Luo Y, Duan Y, Li W, Pace P, Fortino G. Workshop networks integration using mobile intelligences in smart factories [J]. IEEE communications magazine, 2018, 56 (2)：68 - 75.

[9] Luo Y, Duan Y, Li F W, et al. A Novel Mobile and Hierarchical Data Transmission Architecture for Smart Factories [J]. IEEE Transactions on Industrial Informatics, 2018, (99).

[10] Gao Q, Yang W, Zhang Z, et al. Energy - balanced routing algorithm for inter community in mobile sensor network [J]. Journal of Computer Applications, 2017, 37 (7)：1855 - 1860.

[11] Nobre M, Silva I, Guedes L A. Routing and Scheduling Algorithms for WirelessHART Networks：A Survey [J]. Sensors, 2015, 15 (5)：9703 - 9740.

[12] Anggono G，Moors T. A Flow - Level Extension to Omnet＋＋for Long Simulations of Large Networks [J]. IEEE Communications Letters，2017，21（3）：496 - 499.

[13] Varga A. Omnet＋＋. http：//www. omnetpp. org.

[14] Castalia manual. http：//castalia. npc. nicta. com. au/.

[15] CC2 420 data sheet. http：//www. ti. com/.

[16] Qin F，Dai X，Mitchell J E. Effective - SNR estimation for wireless sensor network using Kalman filter [J]. Ad Hoc Networks，2013，11（3）：944 - 958.

第 7 章　总结与展望

7.1　主要研究成果与创新点

工业环境中大型生产设备较多、区域隔断较多、生产环境较为恶劣，常常会造成节点的失效、通信链路的中断，以及网络传输性能的下降，对无线传感器网络正常工作带来了挑战。本书从解决工业无线传感器网络相关问题出发，以提升混杂工业无线传感器网络的可持续性、稳定性和可靠性为目标，构建一套网络拓扑优化、网络管理、传输路由和数据传输的方法，分析其可靠性。

本书的主要研究工作包括：

1. 混杂工业无线传感器网络拓扑演化研究

以网络拓扑优化为设计目标，在复杂网络研究思想引导下以局域世界模型为基础，考虑工业无线传感器网络的异构性和能耗敏感性等特征，引入了长程连接概念，提出了一种适合工业环境的小世界无标度无线传感器网络拓扑演化和重构模型。以长程连接为基础，设计了四种链路的连接方法（RC、SC、RCS、SCS），通过理论推导和仿真实验来验证和比较网络性能。同时选取簇头与 Sink 节点作为端点的长程连接布局策略对网络性能的提升效果优于仅选取簇头节点作为端点的长程连接布局策略；基于择优原则的长程连接布局策略优于基于随机原则的长程连接布局策略。

2. 大规模混杂工业无线传感器网络的网络管理研究

面对大规模的工业无线传感器网络，从规模扩展和网络管理出发，引入了软件自定义技术，并利用虚拟节点映射管理、网络管理控制和数据包转发相分离的特点，构建软件自定义混杂工业无线传感器网络框架。基于工业物联网环境特征的研究，通过虚拟映射技术实现智能终端节点的管理，以虚拟化技术实现整个网络拓扑维护，并以此设计基于度的主动 K 邻居连接能耗算法（ECKD）。在此基础上设计基于深度遍历的路由算法（RABDT），解决网络数据传输路径规划问题。在节点管理方面，利用新型网络技术来改善数据传输中延时和能耗方面的可靠性。

3. 面向移动智能体调度的网络数据传输可靠性方法研究

通过引入工业中常见的移动智能元素，研究面向移动体的混杂工业无线传感器网络框架和数据传输可靠性方法，为移动智能小车建立符合工作特性的面向任务的调度模型，充分考虑移动智能小车的工作特性和工业环境要求。针对工业无线传感器网络单节点和多节点失效的情况，设计基于移动智能体的混杂工业无线传感网络路由传输技术："临时链路"和"移动摆渡"传输方法。结合工业中常见的移动智能体 AGV 作业，分析原材料传输任务调度和数据传输之间的关系和影响，并通过实验结果分析验证该方案提升了数据包接收率，降低了数据传输延时。

4. 面向任务驱动的移动智能体协作路由算法研究

在真实的工业场景中，无线传感器网络性能受周围环境因素的影响，波动较为明显。为此，构建了基于移动智能体协作的路由算法整体框架：在任务驱动下的移动设备（AGV）调度策略的基础上，结合其轨迹设计工业无线传感器网络的协作式路由算法。在编码定制的 Omnet++ 测试平台中，通过模拟存在噪音干扰的无线传感器网络，对固定和移动节点的协作数据传输方案进行测试，结果表明该方案对提高网络数据传输可靠性具有良好的效果。

本书的主要创新点包括：

1. 建立了混杂工业无线传感网络的无标度小世界网络演化模型

本书结合工业场景的特点，根据复杂网络理论，构建了一种分簇无标度网络拓扑演化模型。结合小世界网络的理论引入四种长程连接的规则策略，有效解决复杂工业环境下传感器节点随机失效的问题，仿真实验证明该方案提升了网络数据传输的性能。

2. 设计了满足混杂工业无线传感器网络的节点管理方法

本书构建了一种新型软件自定义混杂工业无线传感器网络的框架。在此框架下，引入网络虚拟化管理和控制与转发相分离的方法，解决大规模节点的网络管理和扩展，更为灵活地掌握整个网络的拓扑演化趋势；分别采用休眠机制及负载均衡和能耗策略设计了拓扑发现和路由算法。仿真结果表明，该方案能降低节点能量消耗及延迟时间。

3. 构建了基于移动智能体任务调度的节点协作型数据传输方法

引入移动智能体（AGV），结合工业调度任务的特点，设计了"固定—移动"节点协作型网络和任务调度模型，提出了工业网络下的移动终端智能调度和数据传输模型结合性方案。在此基础上，针对单节点和多节点的失效情形设计相应的传输方法，并通过实验结果验证了所提方案在延时和数据包接收成功率方面得到了改善。

4. 设计了干扰环境下 AGV 与网络节点的协作路由算法和仿真测试平台

在 AGV 任务调度的基础上，考虑工业环境中信号干扰因素，结合 AGV 的轨迹模型，设计了符合工业特性的协作式路由算法。仿真实验证明，网络数据传输的可靠性得以提升。利用 Omnet4.6++仿真测试工具通过编码搭建了工业无线传感器网络实验平台，弥补了工业场景下无线传感器网络测试平台缺乏的不足。

7.2　未来的研究工作展望

面对广泛应用的工业物联网，如何保证在复杂多变工业环境下无线传感器网络仍具有较强的可靠性，对突破工业物联网技术与应用瓶颈具有重要的理论与现实意义。本书主要从网络拓扑、移动调度、路由设计等多个方面对工业无线传感器网络的可靠性问题进行研究，试图构建满足工业应用的网络可靠性优化方案。但因时间和个人水平所限，工业无线传感器网络可靠性及路由优化仍然有一些问题需要进一步深入研究，具体如下：

（1）推动相关实验仿真的现实应用，在真实场景下模拟和优化相关模型及算法流程，深化产学研融合落地。本书中的场景和仿真参数都是来自于实际场景，但是存在硬件设备、平台整合、软件开发等实际场景条件的限制。本实验目前仅完成了部分工作，如开发了部分硬件设备间的通信接口和通信协议的改进。下一步的研究将继续突破平台整合及其他软件开发设计等难点，将本书提到的方法在实际场景中进行测试，以验证方法的可行性及有效性。

（2）以人为中心的异构无线传感器网络的可靠性研究。本书仅对常见移动设备（AGV）的相关应用进行研究，但随着高新技术的发展，人和其他智能终端将是工业场景中不可或缺的一部分，因此，如何建立人—机—环境和谐交互模型，开展人机协同方法的研究，值得进一步探索。

（3）面对混杂工业无线传感器网络动态不确定性的人和多移动智能体的及时应对方法。在本书第 5 章仅考虑了基于任务的作用下，AGV 作为数据传输的移动载体以应对网络的不稳定性，它的数据传输路径跟物料的输送轨迹有关，具有一定的局限性。如何科学地利用这些分布式智能移动装置和人的行为，设计一种面向不确定动态事件的及时响应方法，在满足工业生产调度需求的同时，及时应对可能的网络失效冲击，提升网络抗毁性，是本项目期望解决的另一个关键性问题。

（4）复杂场景下工业大数据的信息传输智能决策。在本书第 6 章提到工业场景下具有多种通信方式，比如：有线以太网、无线局域网和 3G/4G 网络等，在此环境下，针对车间生产中具有不同时间敏感性、传输方式及时效性特征的大数据，如何在多种通信方式下建立数据分类传输机制和最大限度利用网络的传输能力，将是深化工业传感器网络可靠性研究的重点。

图书在版编目（CIP）数据

面向混杂工业无线传感器网络的动态路由规划及可靠性分析／段莹，李文锋著．—北京：中国农业出版社，2021.3

ISBN 978-7-109-27974-2

Ⅰ.①面… Ⅱ.①段… ②李… Ⅲ.①工业自动控制—无线电通信—传感器—计算机网络—路由选择②工业自动控制—无线电通信—传感器—可靠性 Ⅳ.①TB114.2

中国版本图书馆 CIP 数据核字（2021）第 038089 号

中国农业出版社出版

地址：北京市朝阳区麦子店街 18 号楼
邮编：100125
责任编辑：赵　刚
版式设计：王　晨　　责任校对：刘丽香
印刷：北京大汉方圆数字文化传媒有限公司
版次：2021 年 3 月第 1 版
印次：2021 年 3 月北京第 1 次印刷
发行：新华书店北京发行所
开本：720mm×960mm　1/16
印张：9.5
字数：160 千字
定价：49.00 元